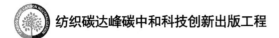
纺织碳达峰碳中和科技创新出版工程

天然黑米色素染料的染色
深加工及综合利用技术

于志财　著

中国纺织出版社有限公司

内 容 提 要

本书主要系统介绍了天然黑米色素的提取工艺及其稳定特性的研究，将提取的天然黑米色素作为染料对纤维素与蛋白质类织物进行染色与功能化整理；详细介绍了天然黑米色素的预媒法、同媒法、后媒法染色工艺以及提高染料对棉织物染色深度的改性方法。同时，利用黑米提取液通过生物法合成纳米银，并对棉织物进行抗菌整理，为纳米银的生物合成提供了新思路，且同步实现了对棉织物的染色和功能化整理，赋予织物和谐、自然的色彩以及优异的抗菌、抗紫外功能。

本书可作为轻化工程相关专业师生的参考书，也可供从事天然染料染色相关研究的技术人员阅读。

图书在版编目（CIP）数据

天然黑米色素染料的染色深加工及综合利用技术/于志财著．－－北京：中国纺织出版社有限公司，2022.9

纺织碳达峰碳中和科技创新出版工程

ISBN 978－7－5180－2820－7

Ⅰ.①天…　Ⅱ.①于…　Ⅲ.①色素—天然染料—染色（纺织品）　Ⅳ.①TQ611

中国版本图书馆 CIP 数据核字（2022）第 117083 号

责任编辑：范雨昕　　责任校对：寇晨晨　　责任印制：王艳丽

中国纺织出版社有限公司出版发行
地址：北京市朝阳区百子湾东里 A407 号楼　邮政编码：100124
销售电话：010—67004422　传真：010—87155801
http://www.c-textilep.com
中国纺织出版社天猫旗舰店
官方微博 http://weibo.com/2119887771
唐山玺诚印务有限公司印刷　各地新华书店经销
2022 年 9 月第 1 版第 1 次印刷
开本：710×1000　1/16　印张：12.75
字数：225 千字　定价：98.00 元

前 言

"十四五"时期,在国家"双碳"目标的指导下,纺织行业推动绿色低碳循环发展、促进行业全面绿色转型将成为大势所趋。因此,从源头上实现纺织品的清洁染整加工是目前印染行业的一个重要研究目标。天然染料以其无毒、无害、抗菌消炎等特性受到人们的青睐,近年来也逐渐用于床上用品、婴幼儿服装、高端品牌服装的染色。因此,将天然色素用于纺织品染色成为印染行业的研究重点,助力国家早日实现"双碳"目标。

作者多年来从事天然黑米色素的提取、染色及综合利用的相关研究工作,通过系列研究积累了大量数据,在此基础上,对黑米色素的染色深加工及综合利用进行了系统的梳理,希望能为从事天然染料染色相关研究的技术人员提供参考。

全书共九章:第1章主要研究黑米色素的提取及其稳定性;第2章论述了黑米色素在桑蚕丝织物染色中的应用;第3章论述了黑米色素在柞蚕丝织物无媒染色中的应用;第4章论述了黑米色素在丝胶接枝棉织物染色中的应用;第5章论述了黑米色素在壳聚糖改性棉织物超声染色中的应用;第6章论述了黑米色素在羊毛织物染色中的应用;第7章论述了黑米色素的提取及酸碱指示功能织物的制备与性能;第8章研究了花色素苷纳米银的绿色制备工艺优化;第9章论述了黑米色素纳米银功能化棉织物的制备及性能。

本书的研究和编写得到了武汉纺织大学学术专著基金的资助,还得到了生物质纤维与生态染整湖北省重点实验室、省部共建纺织新材料与先进加工技术国家重点实验室、先进纺纱织造及清洁生产国家地方联合工程实验室的大力支持。在本书的编撰过程中得到武汉纺织大学何华玲与王金凤的支持和指导,在此表示由衷的感谢,并对刘金如、秦怡、王俞舒、赵宇航、朱珍钰、李涌泉、洪子云、陈自鑫、吴瑞、史裕斐、孙增辉、彭滢等提供的帮助表示诚挚的谢意!

此外,本书还参考了国内外有关黑米色素提取、染色、纳米银制备等方面的文献资料,衷心感谢国内外同仁所做的工作。由于作者水平有限,书中难免存在疏漏和不妥之处,敬请同行和专家批评指正。

著者

2022 年 5 月 18 日

目　　录

第1章　黑米色素的提取及其稳定性

1.1　概述

2021年10月24日,党中央经过深谋远虑发布了《关于完整准确全面贯彻新发展理念做好碳达峰碳中和工作的意见》(以下简称《意见》)。《意见》指出,在2030年前实现碳达峰、2060年前碳中和,该决策对于应对全球气候变化具有世界性的意义。近年来,纺织、印染行业推崇清洁化生产、绿色染整、低废水、低能耗的生产刚好响应国家的号召。实现可持续、生态文明的印染可从以下两个方面着手:

(1)染料的绿色化,从第一个合成染料——苯胺紫发明以来,合成染料的开发和应用长期占据印染行业染料的主要地位,但在后期的运用过程中合成染料染色排放废水中酸、碱、染料等对生态环境造成了严重的破坏,而且产品在穿着使用过程中存在致癌的风险等缺陷成为关注点,天然染料的开发和运用避免了这一问题。

(2)印染过程的清洁化,冗长复杂的工艺也会产生大量的污染,优化染色工艺降低染色过程中酸、碱、盐以及各种染色助剂的使用也是实现生态文明生产的一部分。

从源头上实现染料安全性、可降解性、生物相容性是目前印染行业的一个重要研究方向,于是无毒无害的天然色素用于织物染色成为行业的研究重点。天然染料通常是指没有经过化学加工,直接从天然原材料中获取的一类染料。天然染料可以从植物、动物、矿物中提取,并且通常对环境友好,不会产生大量污染。天然染料种类繁多,应用历史悠久,从远古时代人类第一次使用染料起一直发展至今,并不断得到改良。19世纪60年代中期,合成染料开始登上历史舞台,由于其具有染色色谱齐全、色泽鲜艳、耐水洗牢度好、耐日晒等诸多优点,逐渐取代了天然植物染料一枝独秀的现状。合成染料虽然具有诸多优点,但其缺点也十分明显,其中致癌性是合成染料在应用过程中的一大缺点,世界上很多国家禁止以致癌的联苯胺为首的多种芳香胺染料的生产及使用。

虽然天然染料在印染的运用过程中存在来源、色牢度、工艺等方面的诸多缺陷,在一定程度上约束了其发展的速度和范围,但是在生态保护、降低环境污染、节能减排这些方面存在明显优势。随着越来越多的科研工作者进入天然染料研究领域,越来越多的天然色素被提取出来并应用于印染加工中,天然染料的提取及染色技术的逐步完善,绿色清洁生产加工技术的日益成熟,必然能够促使纺织印染行业走向另一个发展的辉煌时期。实现印染行业的高质量发展,天然染料染色是最好的方案,同时为实现碳达峰、碳中和的目标做出贡献。天然染料染色已逐渐成为行业研究的趋势。

1.1.1 黑米花色素苷

黑米在我国种植历史悠久,分布范围广,营养价值高,黑米表皮呈现黑色,能够通过提取得到相应的黑米色素。黑米色素的主要成分为花青素,由于花青素结构不稳定,一般与各种糖以糖苷键缩合而成花色素苷,其花色素苷的主要结构为矢车菊-3-葡萄糖苷。黑米花色素苷成品为深红色粉末,易溶入水和乙醇溶液,可以黑米为原料,通过萃取、浓缩、干燥而制得,属于类黄酮花色素苷类化合物,结构式如图1-1所示。

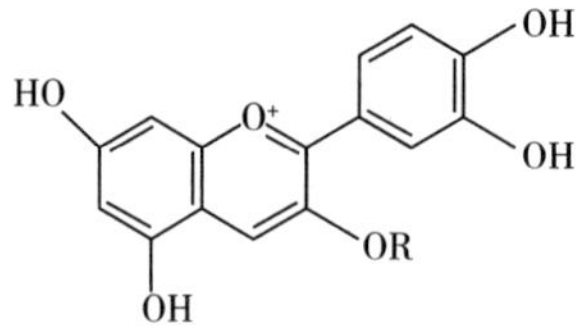

—R为糖基

图1-1 矢车菊-3-葡萄糖苷(花色素苷的主要结构)

黄酮类化合物具有一系列优点,其中包括抗菌、消炎、降血压、降血脂、抗氧化、抗衰老等。花色苷的稳定性受各种外界环境影响,主要有光照、温度、pH、氧化剂、还原剂和各种金属离子等。

1.1.2 黑米花色素苷的提取

目前应用最为广泛的提取方法是溶剂法,它是根据色素的组分不同在溶剂中的溶解度不同而达到分离的目的,溶剂法操作简单,设备价格低廉,对操作环境要求不高,同时适用范围广泛,为大多数厂家所接受。通常生产中使用的溶剂包括水、乙醇、丙酮、甲醇等来萃取水溶性色素,使用石油醚和己烷等萃取油溶性色素。使用的溶剂要求无毒、无害且可回收利用,能够最大限度地提取出色素。提取的具体方法有直接浸提法和回流加热法等。影响提取效率的因素有提取时的料液比、温度、pH、提取时间、提取次数等。还有一种应用广泛的方法是超声波提取法，是利用超声波对植物材料进行处理，使色素短时间内能够在有限的容器中快速摩擦加快其溶解于溶剂中的速度，从而达到提高提取率的目的。超声波在介质中传播时能够和植物细胞产生共振效应，让其细胞快速被破坏，由于植物材料和溶剂的密度差异，使它们有着不同的速度，增加它们的摩擦，从而使色素分子溶解在溶剂中的速度加快，并且超声波在传播过程中还会产生热量，促使溶剂和材料的温度升高，增加材料中有效成分的溶解率和扩散速率。新型提取方法有超临界流体法、微波提取法及酶溶解法。

1.2　实验材料及仪器

1.2.1　实验材料

黑米(五常市彩桥米业有限公司)。

1.2.2　实验药品及试剂

实验主要药品及试剂见表 1-1。

表 1-1　实验主要药品及试剂

药品	规格	生产厂家
一水合柠檬酸	分析纯	国药集团化学试剂有限公司
无水乙醇	分析纯	国药集团化学试剂有限公司
氢氧化钠	分析纯	国药集团化学试剂有限公司
过氧化氢	分析纯	国药集团化学试剂有限公司
低亚硫酸钠	分析纯	国药集团化学试剂有限公司
氯化钠	分析纯	国药集团化学试剂有限公司
七水合硫酸亚铁	分析纯	国药集团化学试剂有限公司
十二水合硫酸铝钾	分析纯	国药集团化学试剂有限公司
六水合氯化镁	分析纯	国药集团化学试剂有限公司
二水合氯化亚锡	分析纯	国药集团化学试剂有限公司
五水合硫酸铜	分析纯	国药集团化学试剂有限公司
十八水合硫酸铝	分析纯	国药集团化学试剂有限公司
六水合硝酸锌	分析纯	国药集团化学试剂有限公司

1.2.3　实验仪器设备

实验仪器设备见表1-2。

表1-2　实验仪器设备

仪器设备	型号	生产厂家
可见分光光度计	V-5600	上海元析仪器有限公司
紫外—可见分光光度计	TU-1810	北京普析通用仪器有限责任公司
集热式恒温加热磁力搅拌器	DF-101S	上海科尔仪器设备有限公司
循环水式真空泵	SHZ-D(Ⅲ)	巩义市予华仪器有限责任公司
数显恒温水浴锅	HH-2	常州国华电器有限公司
电子天平	TP-A500	福州华志科学仪器有限公司

1.3　实验内容

1.3.1　黑米花色素苷提取工艺及稳定性评价方法

1.3.1.1　提取效率及其影响因素

黑米花色素苷的提取效率会受到各种因素的影响,本实验主要研究的影响因素有:温度、时间、pH、料液比等,为了选出最佳提取工艺条件,首先通过设计单因素实验对提取因素值进行初步优化,然后通过深入优化实验来确定最佳提取工艺。目前优化提取工艺条件的方法有正交实验法、均匀设计实验法、人工神经网络系统法和响应曲面法等,其中正交实验法最为方便快捷,且准确率很高。由于黑米花色素苷易溶于水和乙醇,因此本实验选用纯水作为溶剂来提取黑米中的花色素苷,先找出提取液在可见光下的最大吸收波长,比较提取液在最大吸收波长下的吸光度数值大小,通过单因素实验找出各影响因素水平的大致范围,然后利用正交实验确定各因素水平的影响力大小,并得出最佳提取工艺,主要测定了温度、时间、pH、料液比等因素水平对于黑米花色素苷提取率的影响。

1.3.1.2　黑米花色素苷稳定性的评价方法

本研究采取紫外—可见分光光度计法测定黑米花色素苷提取液中花色苷的吸收光谱变化情况以及提取液的表观颜色变化情况来评定黑米花色素苷在不同条件下的稳定性。天然植物染料与人工合成染料相比,其缺点之一就是稳定性太差,在染色过程中很容易受到各种外界因素的干扰。因此,对于黑米花色素苷稳定性影响因素的评价就显得非常有必要。通过观测有效成分的含量变化以及颜色变化是否产生沉淀等是评价稳定性的方法之一。本实验通过吸光度值变化和紫外—可见吸收光谱扫描法来评价光照、温度、pH、氧化剂、还原剂、常见金属离子等环境因素对黑米花色素苷稳定性的影响,为以后进一步研究黑米花色素苷染色提供参考。同一物质在某一波长下的吸光度随着浓度的升高而上升,同时它的最大吸收波长不变,并且吸收光谱曲线的走向趋势也不会发生变化。相对于不同物质而言,由于其结构不相同而引起的最大吸收波长的位置不同并且其吸收光谱曲线也会有较大的差异,可以根据这一性质来分析黑米花色素苷是否发生分解或变性。

1.3.2　黑米花色素苷提取液最大波长的确定

由于黑米色素在酸性条件下较稳定,故采用柠檬酸调节去离子水的 pH = 3,用来浸提黑米花色素苷。准确称取 2g 黑米放入烧杯中,按 1:20 的比例加入去离子水,将其放入恒温水浴锅中,在 50℃下浸提 60min。然后将提取液转移至另一烧杯中,使用真空泵抽滤,得到黑米色素粗提物。取 10mL 提取液稀释至 100mL,测定稀释液的吸光度,以吸光度为纵坐标,波长为横坐标绘制吸光度曲线,确定其最大吸收波长。

1.3.3　单因素实验

1.3.3.1　料液比对黑米花色素苷提取的影响

准确称取 5 份 2g 黑米,按照不同的料液比 1:10、1:15、1:20、1:25、1:30(g/mL),加入用柠檬酸调节 pH 至 3 的去离子水,在 50℃的恒温水浴中浸提 60min,抽滤,取 10mL 浸提液稀释至 100mL,在 510nm 波长处分别测定黑米色素稀释液的吸光度。

1.3.3.2　浸提 pH 对黑米花色素苷提取的影响

准确称取 5 份 2g 黑米,料液比 1:20(g/mL),用柠檬酸调节去离子水 pH 分别为 2、3、4、5、6,在 50℃的恒温水浴中浸提 60min,抽滤,取 10mL 浸提液稀释至 100mL,在 510nm 波长处分别测定黑米色素稀释液的吸光度。

1.3.3.3　浸提时间对黑米花色素苷提取的影响

准确称取 5 份 2g 黑米,料液比 1:20(g/mL),加入用柠檬酸调节 pH 至 3 的去离子水,在 50℃的恒温水浴中浸提,浸提时间分别为 20、40、60、80、100min,抽滤,取 10mL 浸提液稀释至 100mL,在 510nm 波长处分别测定黑米色素稀释液的吸光度。

1.3.3.4　浸提温度对黑米花色素苷提取的影响

准确称取 5 份 2g 黑米,料液比 1:20(g/mL),加入用柠檬酸调节 pH 至 3 的去离子水,分别在50、60、70、80、90℃的恒温水浴中浸提60min,抽滤,取10mL浸提液稀释至100mL,在510nm波长处分别测定黑米色素稀释液的吸光度。

1.3.4 正交实验

为了进一步优化黑米花色素苷的提取工艺,通过对单因素实验结果的分析,确定温度、pH、料液比、浸提时间对黑米花色素苷的提取率有较大的影响,为了获得最佳提取工艺,以黑米色素溶液的吸光度值作为参考指标,对上述的四方面因素进行$L_9(3^4)$正交实验,因素水平及正文实验方案设计见表1-3和表1-4。

表1-3 因素水平

| 水平 | 浸提pH | 浸提温度/℃ | 浸提时间/min | 料液比/(g/mL) |
	A	B	C	D
1	2.0	60	40	1:15
2	3.0	70	60	1:20
3	4.0	80	80	1:25

表1-4 正交实验方案

| 试验号 | 因素 | | | | 吸光度 |
	A	B	C	D	
1	1	1	1	1	
2	1	2	2	2	
3	1	3	3	3	
4	2	1	3	2	
5	2	2	1	3	
6	2	3	2	1	
7	3	1	2	3	
8	3	2	3	1	
9	3	3	1	2	

1.3.5 黑米花色素苷稳定性实验

1.3.5.1 温度对黑米花色素苷稳定性的影响

准确量取6份10mL黑米色素浸提液,用柠檬酸调节的pH值为3,稀释至100mL,将它们用保鲜膜密封后,分别放置于40、50、60、70、80、90℃的恒温水浴锅内加热 60min，取出后快速冷却并观察颜色变化情况，然后分别测定它们在 510nm 波长下的吸光度，做好记录。

1.3.5.2　光照对黑米花色素苷稳定性的影响

准确量取 3 份 10mL 黑米色素浸提液，稀释至 100mL，使用柠檬酸调节 pH 为 3，一份置于充足的阳光下，一份置于室内光照下，一份避光保存。每隔 1h 分别测定它们在 510nm 波长下的吸光度，连续测定 5h，做好记录。

1.3.5.3　pH 对黑米花色素苷稳定性的影响

准确量取 7 份 10mL 黑米色素浸提液，分别用柠檬酸和氢氧化钠稀释液调节 pH 为 2、4、6、8、10、12、14，稀释至 100mL，室温条件下静置 60min，观察其颜色变化，使用 TU - 1810 型紫外—可见分光光度计扫描其吸收光谱，绘制吸光度曲线，通过吸光度曲线的变化趋势来判断不同 pH 下黑米花色素苷的结构是否发生变化。

1.3.5.4　氧化剂对黑米花色素苷稳定性的影响

准确量取 2 份 10mL 黑米色素浸提液，用柠檬酸调节 pH 为 3，稀释至 100mL，向其中一份黑米色素稀释液加入 0.5mL 的 30%（体积分数）的过氧化氢溶液，摇匀后，放在室温条件下静置，每隔 10min 取一次样，测定其在 510nm 波长下的吸光度，并观察其颜色变化。

1.3.5.5　还原剂对黑米花色素苷稳定性的影响

准确量取 2 份 10mL 黑米色素浸提液，用柠檬酸调节 pH 为 3，稀释至 100mL，向其中一份黑米色素稀释液中加入 0.5mL 的 2g/L 的保险粉溶液，摇匀后，在室温条件下静置，每隔 10min 取一次样，测定其在 510nm 波长下的吸光度，并观察其颜色变化。

1.3.5.6　常见金属离子对黑米花色素苷稳定性的影响

准确量取 10 份 10mL 黑米色素浸提液，分别加入 90mL 的 2g/L 的 Fe^{2+}、K^+、Sn^{2+}、Cu^{2+}、Zn^{2+}、Mg^{2+}、Al^{3+}、Na^+ 的硫酸盐或者盐酸盐，对照组加入去离子水。在室温下密封保存 60min 后观察其颜色变化，使用紫外—可见分光光度计扫描其吸收光谱。

1.4　结果与讨论

1.4.1　黑米花色素苷提取液最大波长的确定

由图 1 - 2 可以看出，在 510nm 处黑米花色素苷提取液有吸收峰，因此可以确定黑米花色素苷提取液的最大吸收波长为 510nm。

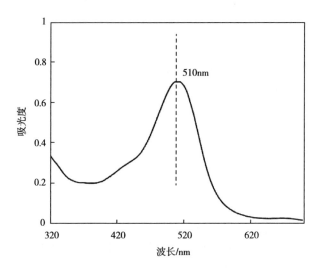

图1-2　黑米花色素苷提取液的光谱曲线

1.4.2　黑米花色素苷提取工艺的优化

1.4.2.1　料液比对黑米花色素苷提取的影响

由图1-3可以看出,随着料液比的增大,提取液中黑米花色素苷的吸光度值也随之增大。一般来说,溶剂量越大,花色苷溶解量越多,提取效果越好,但是当料液比达到1:20后吸光度值增大不是很明显,并且在1:30的料液比下吸光度值还有所下降,主要是因为溶剂量过多将黑米花色素苷稀释了。由于增大料液比会使黑

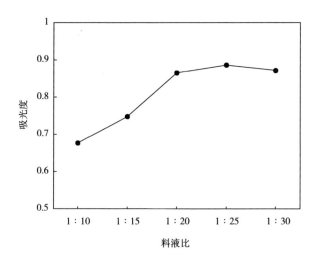

图1-3　料液比对黑米花色素苷提取的影响

米花色素苷后续浓缩时间延长,同时料液比的增大也加大了水资源的消耗,造成不必要的浪费。因此,选择一个合适的料液比才能达到最佳提取效果,所以初步选定的料液比为 1:20。

1.4.2.2　浸提 pH 对黑米花色素苷提取的影响

由图 1-4 可以看出,随着 pH 的增大,黑米花色素苷提取液的吸光度值不断下降,同时可以观察到提取液颜色越来越浅。说明黑米花色素苷的提取受 pH 影响较大,在酸性条件下黑米色素更易被提取出来,并且能够保持良好的色彩鲜艳度。通过实验可以观察到当 pH 上升到 7 以上时,黑米花色素苷提取液由红色逐渐变为黄色,同时,使用碱性条件来提取黑米花色素苷效果不明显,所提取出来的色素苷颜色与正常条件下的差异较大,并且提取液比较混浊带有大量沉淀,这可能是与碱性条件下黑米中淀粉类物质变性有关。而在酸性条件下黑米花色素苷提取液呈现透明状,颜色较为鲜亮。通过阅读文献可知,在酸性条件下黑米色素较稳定,随着 pH 的升高黑米色素逐渐分解。通过实验表明,酸性越强,提取率越高,但是较强的酸性对设备要求越严格,从而增加了生产成本,不利于推广使用。通过实验结果可将提取液 pH 暂定为 3。

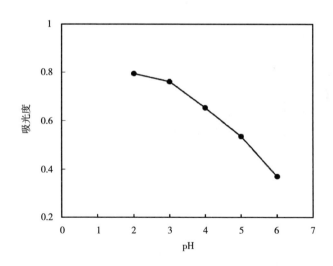

图 1-4　浸提 pH 对黑米花色素苷提取的影响

1.4.2.3　浸提时间对黑米花色素苷提取的影响

由图 1-5 可以看出,浸提时间越长,黑米花色素苷的提取液吸光度也随之增大。通常来看,浸提时间越长,浸提率也就越大,色素提取得也越彻底。从实验结果可以看出,在 20～60min 区间内,时间因素对于提取率的影响较大,超过 60min

后,虽然吸光度也在增大,但增大的效果并不明显。由于浸提时间越长所需要的成本也越高,同时黑米花色素苷在加热环境下也会不断分解,这对生产不利。故浸提时间并非越长越好,因此浸提时间以60min为宜。

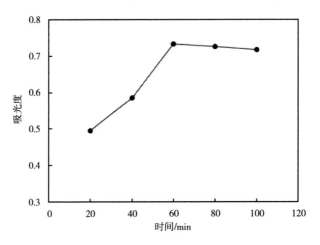

图1-5 浸提时间对黑米花色素苷提取的影响

1.4.2.4 浸提温度对黑米花色素苷提取的影响

由图1-6可以看出,在50~80℃范围内,随着温度的升高,吸光度值也随之升高,温度的提升对于吸光度的增加有较为明显的作用。在温度达到80℃时吸光度达到最大值,超过80℃后吸光度下降,说明高温环境下黑米花色素苷不稳定,因此本实验初步设定的最佳提取温度为80℃。但在整个测定过程中,随着温度的升高,黑米花色素苷提取液的颜色没有发生太大变化。

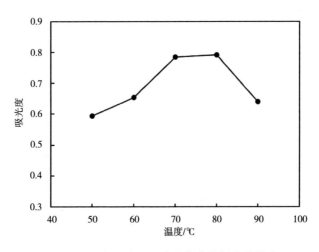

图1-6 浸提温度对黑米花色素苷提取的影响

1.4.2.5　正交实验结果

由表 1-5 可以看出,萃取液的吸光度大小随着不同因素水平的差异而有所不同,由极差分析可以看出,极差越大的因素是主要影响因素。影响黑米花色素苷提取率各种因素的大小顺序依次为:A(浸提 pH)>D(料液比)>B(浸提温度)>C(浸提时间)。根据上述实验结果和分析,所得出的最佳工艺条件组合为A2B3C2D2,即浸提 pH=3,浸提温度 80℃,浸提时间 60min,料液比 1:20。使用此工艺条件提取黑米色素,测得黑米花色素苷提取液在 510nm 下的吸光度值为 0.873。

表 1-5　正交实验结果

试验号	因素				吸光度
	A	B	C	D	
1	1	1	1	1	0.774
2	1	2	2	2	0.810
3	1	3	3	3	0.826
4	2	1	3	2	0.817
5	2	2	1	3	0.824
6	2	3	2	1	0.865
7	3	1	2	3	0.761
8	3	2	3	1	0.682
9	3	3	1	2	0.780
K_1	2.41	2.352	2.378	2.341	
K_2	2.526	2.359	2.456	2.512	
K_3	2.223	2.491	2.325	2.411	
k_1	0.803	0.784	0.793	0.780	
k_2	0.842	0.786	0.819	0.837	
k_3	0.741	0.830	0.775	0.804	
R	0.101	0.046	0.044	0.057	

1.4.3　黑米花色素苷稳定性研究

1.4.3.1　温度对黑米花色素苷稳定性的影响

不同温度下的黑米花色素苷提取液在波长为 510nm 下的吸光度变化如图 1-7 所示。由图 1-7 可以看出,随着温度的上升,吸光度值不断下降,温度的提升对于黑米花色素苷的稳定性有一定的影响。20～60℃黑米色素吸光度变化不明显,代表黑米色素稳定性较好,在70～90℃肉眼观察黑米色素稀释液颜色没有发生明显变化,但吸光度确实出现稍微下降的现象,但此结果表明,整体上黑米色素比较稳定,但在高温下有可能因部分黑米色素发生分解造成了吸光度的下降。

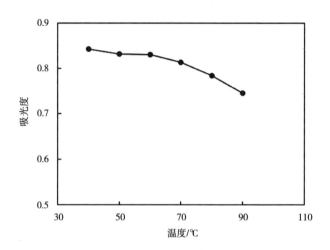

图1-7 温度对黑米花色素苷稳定性的影响

1.4.3.2 光照对黑米花色素苷稳定性的影响

由图1-8可以看出,日光照射对黑米花色素苷的稳定性影响很大,与避光条件相比,室内光照环境对黑米花色素苷稳定性的影响较小。黑米花色素苷在阳光直射的条件下,随着时间的延长其吸光度下降得越快,同时由颜色观察可以看到,黑米花色素苷提取液由原来的红色逐渐转变为浅红色,光照会使黑米花色素苷发生分解。这说明黑米花色素苷不耐阳光照射,这对于生产应用造成了很大的阻碍,使用其染色的织物耐光牢度可能达不到生产要求,黑米花色素苷在储藏过程中应尽量避光保存。

1.4.3.3 pH对黑米花色素苷稳定性的影响

由图1-9可以看出,不同pH条件下黑米花色素苷提取液的吸收光度曲线会发生较大的变化。这是由于花色素苷在不同pH条件下会发生结构互变异构,在pH < 6时,黑米花色素苷的最大吸收波长维持在510nm不变,吸光度曲线的形状也基本相似,说明在酸性条件下,黑米花色素苷较为稳定,当pH > 6时,最大吸收波长消失,且吸光度曲线变得毫无规律,说明在碱性条件下黑米花色素苷不稳定。且溶液的pH越小,其吸光度越大,观察颜色可以看出,在酸性条件下,黑米花色素苷提取液基本保持红色不变,酸性越强颜色越深,在碱性条件下,黑米花色素苷溶液呈

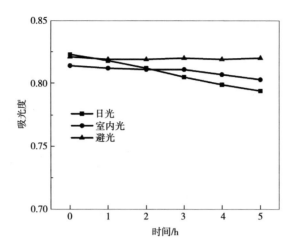

图1-8　光照对黑米花色素苷稳定性的影响

现浅黄色。在实验过程中加入碱液的瞬间可以观察到黑米花色素苷由红色突变为绿色,放置一段时间后变为浅黄色。以上结果表明,黑米花色素苷在碱性条件下不稳定,储藏过程中应使黑米花色素苷处于酸性环境中。

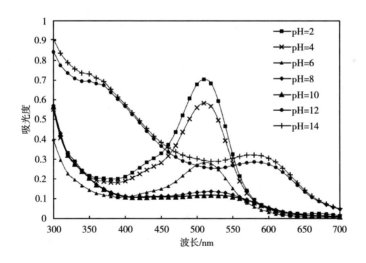

图1-9　pH对黑米花色素苷稳定性的影响

1.4.3.4　氧化剂对黑米花色素苷稳定性的影响

由图1-10可以看出,随着时间的延长黑米花色素苷提取液的吸光度逐渐下降,且前期下降速度较快。观察颜色可以看出,随着时间的延长,溶液颜色越来越浅,到60min时已经接近于无色。说明黑米花色素苷耐氧化剂能力较弱,在氧化剂存在的情况下颜色很难保持,生产、储藏过程中应避免其与氧化剂接触,防止其分解褪色。

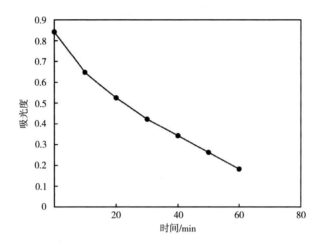

图 1-10 氧化剂对黑米花色素苷稳定性的影响

1.4.3.5 还原剂对黑米花色素苷稳定性的影响

由图 1-11 可以看出,随着时间的延长,黑米花色素苷提取液的吸光度值不断下降,可以观察到溶液逐渐褪色。说明黑米花色素苷的耐还原性较差,保险粉溶液将黑米花色素苷的结构大幅度被破坏,使其颜色消失。故而在生产、储藏过程中要避免和还原剂接触。

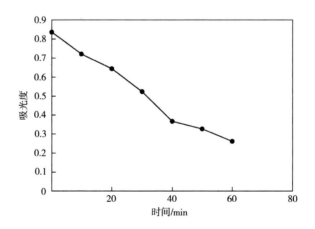

图 1-11 还原剂对黑米花色素苷稳定性的影响

1.4.3.6　常见金属离子对黑米花色素苷稳定性的影响

由图 1-12 可以看出，加入金属离子后，除了 Fe^{2+} 和 Sn^{2+} 外，其他几种金属离子对于黑米花色素苷的吸收光度曲线的影响不大，并且黑米花色素苷提取液的颜色在加入 Sn^{2+} 后有明显的变化，由原来的红色变为紫红色。由吸光度曲线可以看出在加入 Sn^{2+} 后黑米花色素苷提取液的最大吸收波长发生了红移，原因是 Sn^{2+} 与黑米花色素苷中的羟基或羧基发生了络合反应，改变了色素基团的结构，从而改变了其最大吸收波长和颜色。在染色过程中选用氯化亚锡作为媒染剂可以获得不同的颜色类型，从而增加了黑米花色素苷的应用范围。

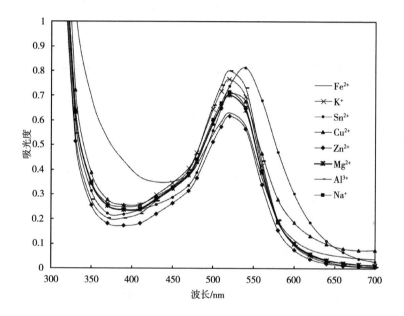

图 1-12　常见金属离子对黑米花色素苷稳定性的影响

1.5　小结

本实验采取水提法提取黑米花色素苷，测得水提法黑米花色素苷的最大吸收波长为 510nm。通过单因素实验初步确定了时间、pH、温度、料液比等因素对黑米花色素苷提取的影响大小，并通过正交实验法进一步优化了提取工艺，确定了影响因素的主次顺序依次为 A（浸提 pH）> D（料液比）> B（浸提温度）> C（浸提时间），所得出的最佳工艺条件组合：浸提 pH = 3，浸提温度 80℃，浸提时间 60min，料液比1:20。同时还对黑米花色素苷的稳定性进行了研究,分别对光照、温度、pH、氧化剂、还原剂、常见金属离子等因素变化条件下黑米花色素苷的稳定性进行了实验。实验结果表明,在阳光直射环境下黑米花色素苷稳定性较差,长时间的阳光照射会使黑米花色素苷溶液发生褪色;温度变化对于黑米色素的影响相对于其他因素来说较小,但超过80℃后,黑米花色素苷也会发生不同程度的分解;黑米花色素苷对于酸性环境较稳定,不耐碱,当pH > 7以后,黑米花色素苷颜色发生明显改变;氧化剂和还原剂都会引起黑米花色素苷溶液的褪色;Fe^{2+}、Sn^{2+}会使黑米花色素苷的结构发生改变,特别是Sn^{2+}会使溶液颜色发生改变,由原来的红色变为紫色。

参考文献

[1]赵雪,朱平,展义臻.生态纺织品染色技术综述[J].染料与染色,2007,44
　　(4):23-30.

[2]张义安,赵其明.植物染料的研究现状[J].染料与染色,2008,45
　　(6):11-15.

[3]曹振宇.中国近代合成染料生产及染色技术发展研究[D].上海:东华大
　　学,2008.

[4]陈荣圻.以对氨基偶氮苯为中间体染料的生态问题[J],印染,2005(12):
　　24-27.

[5]余卫华.植物染料与生态印染工艺[J].四川丝绸,2004,98(1):21-22.

[6]项斌,高建荣.天然色素[M]北京:化学工业出版社,2004.

[7]肖浪,张克勤.中国古代天然染料的科学基础研究进展[J].纺织导报,
　　2014(6):43-45.

[8]项斌,高建荣.天然色素[M].北京:化学工业出版社,2004.

[9]郜文峰,石红,杨伟忠.天然染料染色现状及其理论[J].印染助剂,2006,
　　23(3):10-14.

[10]晏苏,王东方,纪俊玲,等.植物染料的分类及其提取方法[C]."博奥-
　　艳棱"杯2015全国新型染料助剂/印染实用新技术研讨会论文集,2015:
　　347-361.

[11]汪茂田,谢培山,王忠东,等.天然有机化合物提取分离与结构鉴定[M].
　　北京:化学工业出版社,2004.

[12]Paul.天然染料的分类、提取和牢度性能[J].国外纺织技术,1997,(10):
　　27-31.

[13]柳悦孝,假屋安吉. 工艺染色(下册)[M]. 东京:株式会社美术出版社,1980.

[14]韩晓俊,王越平,覃丹,等. 天然植物染料染色存在的问题及其解决措施[J]. 针织工业,2007(5):48 – 51.

[15]张名位,郭宝江,张瑞芬,等. 黑米抗氧化活性成分的分离、纯化和结构鉴定[J]. 中国农业科学,2006,39(1):153 – 160.

[16]杨志刚,张燕萍,杨海定,等. 超声波辅助提取常熟黑米类黄酮及其抗氧化活性分析[J]. 食品科学,2013,34(18):118 – 122.

[17]李辉芹,巩继贤. 天然染料的应用现状与研究新进展[J]染料与染色,2003(1):36 – 38.

[18]杨自来,韩增强. 天然染料的应用现状及发展[J]. 河北纺织,2006(3):26 – 30.

[19]游月华. 黑紫米的色素和营养成分研究综述[J]. 中国稻米,2006(5):7 – 8.

[20]赖毅勤,周宏兵. 近年来黄酮类化合物提取和分离方法研究进展[J]. 食品与药品,2007,9(4):54 – 58.

[21]郑洁虹,杨静文,马乃良,等. 炮仗花色素提取工艺优化及其色素稳定性研究[J]. 现代食品科技,2010,26(6):614 – 618.

[22]李莉. 板栗壳棕色素提取及相关性质研究[D]. 北京:北京林业大学,2011.

[23]郑力伟,吴赞敏. 天然染料的提取及应用前景[J]. 天津纺织科技 2009(1):24 – 25.

[24]Vankar P S,Shanker R. Eco – friendly ultrasonic natural dyeing of cotton fabric with enzyme pretreatments [J]. Desalination,2008,230 (1 – 3): 62 – 69.

[25]于娜娜,张丽坤,朱江兰,等. 超临界流体萃取原理及应用[J]. 化工中间体,2011(8):38 – 39.

第2章　黑米色素在桑蚕丝织物染色中的应用

2.1　概述

2.1.1　蚕丝

蚕丝属于动物类纤维,是从蚕茧中获得的连续的长纤维。

蚕丝还具有很好的舒适性和保温耐热性。相较于其他纤维而言,蚕丝与人体具有很好的相容性。蚕丝除了具有平滑的表面外,在纤维中与人体的摩擦损伤也是最低的。蚕丝纤维除了具有优良的保温性外,还具有良好的耐热性。纤维热绝缘主要基于纤维的多孔结构,在这些孔隙中包含大量空气,可防止热量散发并提供良好的丝绸保温性能。而且桑蚕丝的透气性较低,因此也减少了对流过程当中的热损失,故而具有很高的隔热值。

2.1.2　黑米色素及其提取方法

2.1.2.1　黑米色素

黑米是我国大米重要品种之一,在我国的种植历史由来已久。黑米由黑水稻种植得到,属于籼米或者粳米,颜色为黑褐色。黑米中含有丰富的黑米花色素和花青素,是一种健康的食品。除此之外,黑米本身还含有丰富的蛋白质元素和各种人体必需的氨基酸以及锰、锌、铁和其他微量元素,还具有抗氧化、抗菌、抗肿瘤和抗炎等一系列功能。研究表明,黑米色素是一种水溶性的液泡状色素,也是花青素的来源,且具有较强的抗氧化和清除自由基的能力。

2.1.2.2　提取方法

当前,用于生产天然颜料的最广泛使用的技术是溶剂生产技术。该方法主要基于原料中目标成分的化学性质和相似性原理,通过选择合适的萃取溶剂来获得目标成分,可以尽可能地防止非目标成分的溶解。常用于提取天然染料的方式有三种:浸提法、煎煮法以及回流法等。黑米色素主要通过浸提获得,并使用具有适当 pH 的乙醇溶液作为萃取溶剂。

本实验选择相同批次的相同类型的黑米作为染色材料,通过从饮食黑米中通过溶剂萃取获得黑米颜料,并将所得的黑米色素用于上染蚕丝并研究其染色性能。

2.1.3　染色方法及抗紫外机理

2.1.3.1　染色方法

用天然染料对纤维进行上染的常用方法有:直接染色法和媒染染色法。

用天然染料对纤维进行染色的常用方法有:直接染色法和媒染染色法。在黑米色素染色过程中,为了提高染料的染色牢度,通常会向染液中加入媒染剂完成上染。黑米色素分子上的羟基可与蚕丝纤维上的氨基和羧基通过媒染剂金属离子络合,从而提高染料的上染率和染色牢固度。

媒染剂的染色过程按媒染剂的添加顺序分为预媒染(先用媒染剂媒染再用染料上染)、后媒染(先在染液中染色再加媒染剂)和同浴法(染料和媒染剂同浴上染织物)。

2.1.3.2　抗紫外机理

波长为 10 ~ 400nm 的电磁光谱中的辐射称为紫外线。太阳光是紫外线的主要来源。紫外线可分为 UVA、UVB、UVC 和 EUV 类。其中,低频长波紫外线 UVA 的致癌性最高,其暴露在太阳光下的晒伤强度远远强于其他紫外线,UVC 通常会被臭氧层堵塞。

根据光学原理,纤维被紫外线照射后,纤维会吸收一部分的紫外线,另一部分的紫外线会被纤维反射,而剩下的其余部分的紫外线会穿透过纤维之间的孔隙或者穿透过织物,并且照射到人体表面的紫外线只能是穿透过织物的紫外线,其中大部分的紫外线都可穿透织物照射到人体表面,其余的照射到人体是通过散射辐射。抗紫外线辐射的机理是选择紫外线屏蔽材料处理构成织物的纤维,以增加织物(或纤维)对紫外线的吸收和反射率,从而降低其透过性。

2.2　实验内容

2.2.1　实验材料及仪器

2.2.1.1　实验材料

黑米(五常市彩桥米业有限公司),桑蚕丝织物,pH 试纸。

2.2.1.2 实验药品、试剂及仪器设备

实验主要药品及试剂见表2–1。

表2–1 实验主要药品及试剂

药品及试剂	规格	生产厂家
氢氧化钠	分析纯	上海市宁波路52号
冰醋酸	分析纯	国药集团化学试剂有限公司
五水合硫酸铜	分析纯	国药集团化学试剂有限公司
十八水合硫酸铝	分析纯	国药集团化学试剂有限公司
硫酸亚铁	分析纯	国药集团化学试剂有限公司

实验主要仪器设备见表2–2。

表2–2 实验主要仪器设备

仪器设备	生产厂家
电子天平 TP–A200	福州华志科学仪器有限公司
数显恒温水浴振荡锅	常国华电器有限公司
UV–2000紫外透射率分析仪	广州理宝实验室检测仪器有限公司
Datacolor400色差仪	广州艾比锡科技有限公司
日晒牢度测试仪	温州方圆仪器有限公司

2.2.2 实验方法及步骤

2.2.2.1 黑米色素提取方法的确定

实验之前的准备工作是从黑米中提取出黑米花色素。本次研究选取从膳食黑米中提取出黑米色素的方法是溶剂法。

在室温下取两个1000mL的烧杯,称取两份40g黑米,将它们置于烧杯中,加入600mL去离子水(黑米与去离子水的比例为1:15)并浸泡24h分离出色素,用棉布过滤黑米色素提取物和黑米。所得黑米色素提取物进行桑蚕丝织物的染色实验。

2.2.2.2 黑米色素染色方法的确定

(1)直接染色法。选用准备实验中已经提取好的黑米色素上染桑蚕丝织物,通过改变染色时的自变量pH、上染时间以及温度来探究不同条件下黑米色素上染桑蚕丝织物的染色性能,将不同条件下染色完毕的织物洗涤干燥后,测试织物的 K/S 值、抗紫外性能和耐日晒性能。直接染色法染色工艺如图2–1所示。

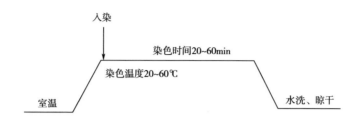

图2-1 直接染色法染色工艺

（2）预媒染法。首先将剪裁好的桑蚕丝织物浸泡在媒染剂溶液中30min（温度60℃），然后将织物在黑米色素提取液中染色30min（温度60℃），然后经水洗、皂洗、水洗、晾干，最后测试被染织物的 K/S 值、抗紫外和耐日晒性能。预媒法染色工艺如图2-2所示。

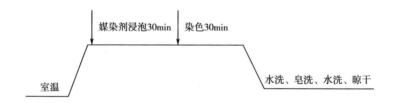

图2-2 预媒法染色工艺

（3）后媒染法。先将经过裁剪好的桑蚕丝织物在黑米色素提取液中染色30min（温度60℃），然后加入媒染剂继续染色30min，最后水洗、皂洗、水洗、晾干，测试染色的织物的 K/S 值、抗紫外和耐日晒作用。后媒法染色工艺如图2-3所示。

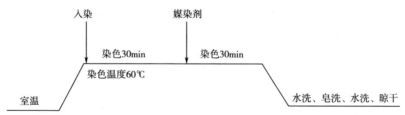

图2-3 后媒法染色工艺

（4）同浴法。在60℃的温度下，将剪裁的桑蚕丝织物在黑米色素和媒染剂的混合液中同浴染色60min，染色完毕后将织物取出水洗、皂洗、水洗、晾干，然后测试染色织物的 K/S 值、抗紫外和耐日晒性能。同浴法染色工艺如图2-4所示。

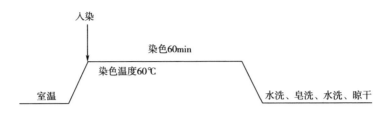

图 2-4　同浴法染色工艺

2.2.2.3　酸碱性对黑米色素染色的影响

选用准备工作中提取的黑米色素染液,分别取 5 份 50mL 黑米色素染液于 250mL 的锥形瓶中,由 pH 试纸测得黑米色素提取液为中性,选取冰醋酸和氢氧化钠溶液调节黑米色素提取液的 pH 为 3,5,7,9,11。室温条件下,将织物浸泡在去离子水中,等织物被去离子水完全润湿后,取出润湿后的织物,轻轻挤干织物的水分后放入染液中进行染色,温度 60℃,上染持续时间 60min,染色完毕后将织物取出水洗,然后晾干,最后测试被染织物的 K/S 值、抗紫外和耐日晒牢度性能。

2.2.2.4　时间对黑米色素染色的影响

选用已经提取好的黑米色素染液,分别取 5 份 50mL 黑米色素染液于 250mL 的锥形瓶中。室温条件下,将织物浸泡在去离子水中,等织物被去离子水完全润湿后,将润湿后的织物取出,轻轻挤干织物的水分后放入染液中进行染色,染色时间分别为 20min、30min、40min、50min、60min,染色温度 60℃。染色完毕后将织物取出水洗、晾干,最后测试被染织物的 K/S 值、抗紫外和耐日晒牢度。

2.2.2.5　温度对黑米色素染色的影响

选用已经提取好的黑米色素染液,分别取 5 份 50mL 黑米色素染液于 250mL 的锥形瓶中。室温条件下,将织物浸泡在去离子水中,等织物被去离子水完全润湿后,将润湿后的织物取出,轻轻挤干织物的水分后放入染液中进行染色,染色温度分别为 20℃、30℃、40℃、50℃、60℃,上染持续时间 60min。染色完毕后将织物取出水洗,然后晾干,最后测试被染织物的 K/S 值、抗紫外和耐日晒牢度。

2.2.2.6　媒染剂对黑米色素染色的影响

(1)预媒染。室温条件下,将桑蚕丝织物布样浸泡在去离子水中 10min,待织物完全润湿后,将织物水分挤干后放入黑米色素中染色。黑米花色素以直接染色的最优工艺参数上染纤维,先采用媒染剂对纤维进行媒染处理,媒染剂浓度 5g/L,染色温度 60℃,媒染剂处理时间 30min,浴比 1∶125。媒染处理后在黑米色素中染色 30min,最后将织物取出水洗、皂洗、水洗、晾干。

(2)后媒染。室温条件下,将桑蚕丝织物布样浸泡在去离子水中 10min,待织物完全润湿后,将织物水分挤干后放入黑米色素中染色。黑米花色素以直接染色的最优工艺参数上染纤维,先将织物在黑米色素染色 30min,然后加入媒染剂继续染色 30min,媒染剂浓度 5g/L,染色温度是 60℃,浴比 1∶125。染色结束后将织物取出水洗、皂洗、水洗、晾干。

(3)同浴法。室温条件下,将织物在去离子水中浸泡 10min,待织物充分润湿后,将其挤干水分放入黑米色素提取液和媒染剂的混合染液中染色,黑米花色素以直接染色的最优工艺参数上染纤维,媒染剂浓度 5g/L,染色温度 60℃,媒染剂处理时间 30min,浴比 1∶125。然后将同浴法染色的桑蚕丝织物取出水洗、皂洗、水洗、晾干。

(4)皂洗。皂片,浓度 3g/L,浴比 1∶125,温度 80℃,时间 10min。

2.2.3　性能测定及标准

2.2.3.1　织物 K/S 值测定
织物的染色深度是用来判断纺织品染色性能的一项极为重要的指标。纺织品的表观色深可以用 K/S 值表示,织物的 K/S 值越大,表明同颜色下该织物的颜色越深。实验中测定的 K/S 值在最大吸收波长处即 510nm 处测试。K/S 值的计算公式如下:

$$K/S = \frac{(1-R)^2}{2R} \tag{2-1}$$

式中:R——有色试样趋于无限厚度的反射率;

　　　K——有色物质的吸收系数;

　　　S——散射系数。

2.2.3.2　织物抗紫外指数测定
紫外线会对人体造成一定的伤害,其中 UVA 和 UVB 对人体的伤害尤为显著,是造成皮肤松弛和黑斑的主要原因。紫外保护因子(UPF)是在 UV-2000F 透射分析仪上进行的。紫外线防护指数 UPF 可用下式计算:

$$UPF = \frac{\int_{290}^{400} E_\lambda \times S_\lambda \times d_\lambda}{\int_{290}^{400} E_\lambda \times S_\lambda \times T_\lambda \times d_\lambda} \tag{2-2}$$

式中:E_λ——红色光斑的面积;

　　　S_λ——太阳辐射;

T_λ——样品的透光率；

d_λ——增加的波长。

UPF 值及效果评价见表 2-3。

表 2-3 UPF 值评判标准

UPF 值	15~24	25~39	40~50,50+
防护类别	防护较好	防护很好	防护优异

2.2.3.3 织物耐日晒牢度测定

通常认为染料的光褪色主要是由光子的吸收引起的,是一系列光化学反应的激发,例如光异构化反应、光氧化反应和光还原反应,使染色织物的结构被破坏、变色或褪色。在该实验中,使用耐光性测试仪来确定用黑米色素染色的桑蚕丝织物的耐光性。

2.3 实验结果与讨论

2.3.1 直接染色

2.3.1.1 时间对黑米色素上染桑蚕丝织物的影响

(1)时间对上染织物颜色的影响(温度为 60℃,pH 为中性)。由表 2-4 中的布样可知,随着上染持续时间的延长,被染织物的颜色由淡粉色逐渐变为紫红色,得色量增大。在中性浴条件下,黑米色素上染桑蚕丝纤维,通过范德瓦尔斯力和氢键与纤维结合。染色时间越长,织物吸附黑米色素的量增加,上染率增大,因此,颜色变得越来越深。

表 2-4 时间对上染织物颜色的影响

原布	20min	30min	40min	50min	60min

(2)时间对上染桑蚕丝织物 K/S 值和颜色特征值的影响。当温度为 60℃、pH

为中性时,染色时间对黑米色素上染桑蚕丝织物 K/S 值和颜色特征值的影响如图 2-5 和表 2-5 所示。

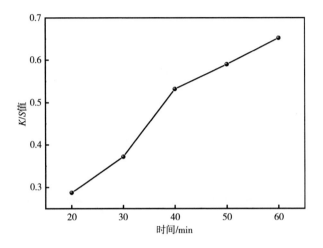

图 2-5　时间对上染桑蚕丝织物 K/S 值的影响

　　由图 2-5 可知,在染色时间 20~60min 范围内,随着染色持续时间的延长,被染织物的 K/S 值逐渐升高。随着黑米色素上染织物的持续时间的增加,被染织物的 K/S 值呈现出上升的趋势,因为在黑米色素上染桑蚕丝织物的初始阶段,黑米色素在织物表面的沉积量随着染色时间的延长而有所增加。并且当染色时间为 60min 时,K/S 值最高,故而最佳染色时间为 60min。

表 2-5　时间对上染桑蚕丝织物颜色特征值的影响

条件	L	a	b	c	h
原布	91.30	0.03	3.65	3.65	89.51
20min	79.68	1.64	5.44	5.68	73.23
30min	78.65	2.11	4.33	5.69	72.47
40min	77.78	2.53	3.99	7.43	70.10
50min	68.52	6.57	2.70	6.78	14.48
60min	67.18	7.40	2.31	7.76	17.34

　　由表 2-5 可知,当上染持续时间为 20~60min 时,随着上染时间的延长,桑蚕丝织物的明暗度 L^* 总体呈下降趋势,而染色织物的红绿色值 a 和纯度 c 总体呈上升的趋势,黄蓝色值 b^* 也随染色时间的延长而有所减小。在色调上,随着时间的

延长,织物从粉红色调逐渐变为紫红色色调,颜色逐渐变深。时间为 60min 时,织物显色效果相对明显,呈紫红色调。

由图 2-5 和表 2-5 可知,染色初期,K/S 值、红绿色 a 和纯度 c 值随染色时间的延长呈上升趋势,随着上染时间的延长,上染率增加,织物对黑米色素的吸附量增大,即织物上的颜色量增加。

(3)时间对上染织物抗紫外效果的影响。由图 2-6 可知,随着黑米色素上染织物时间的延长,织物的紫外线透过率逐渐下降。又由图 2-7 中的 UVA 和 UVB 的折线图可知,随着时间的延长,UVA 和 UVB 值逐渐下降。最后由图 2-8 数据可知,随着上染持续时间的延长,被染色织物的 UPF 值呈缓慢上升趋势。

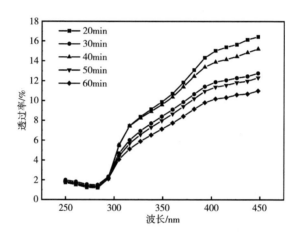

图 2-6　时间对织物抗紫外效果的影响

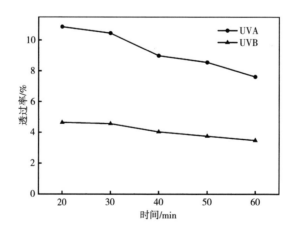

图 2-7　时间对织物 UVA、UVB 的影响

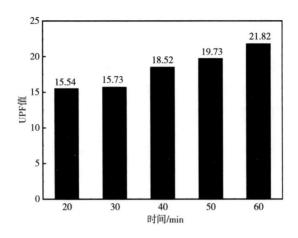

图 2-8　时间对 UPF 值的影响

综上所述,随着染色持续时间的延长,织物吸附黑米色素的吸附量增大,织物的抗紫外线作用得到了一定程度的提高。可能是黑米色素染料具有内在的氢键,开始时对紫外线的吸收率较低,吸收的范围也较狭窄,但是当织物在紫外线下照射一段时间后,织物对紫外线的吸收率缓慢升高。可能是因为织物在紫外线的照射下发生分子间的重新排列,并且形成具有强紫外线吸收性的二苯甲酮结构域,由此增强了织物对紫外线的吸收能力。重排后的双羟基二苯甲酮及其衍生物可以吸收一些可见光以显示黄色,从而导致最终组织变黄。

2.3.1.2　温度对黑米色素上染桑蚕丝织物的影响

(1)温度对上染织物颜色的影响(时间 60min、pH 为中性)。由表 2-6 可知,对比原始织物和在不同温度下染色的织物,黑米色素在温度为 60℃时对桑蚕丝织物的染色效果最佳。随着染色温度的升高,黑米色素颗粒可以自动移动到纤维表面并吸附在纤维上,或者通过热运动进入纤维内的孔隙中,桑蚕丝纤维对黑米色素的吸附量增大。

表 2-6　温度对上染织物颜色的影响

原布	20℃	30℃	40℃	50℃	60℃

27

（2）温度对上染织物 K/S 值和颜色特征值的影响。由图 2-9 可知,随着染色温度的逐渐升高,桑蚕丝织物的 K/S 值呈逐渐增大的趋势,并且 40~60℃ 之间增长率的增大较为明显。上述曲线的走势可能是因为温度升高从而增加了染液间水分子的动能,使黑米花色素进入纤维内部的速度也随着水分子的运动加快,扩散吸附率升高,黑米色素的上染率增大。

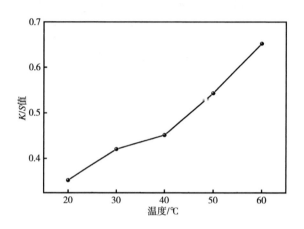

图 2-9　温度对上染织物 K/S 值的影响

由表 2-7 可知,随着温度的升高,染色织物的 L 值逐渐下降,a 值逐渐增加,这是因为升高温度有利于纤维的膨化以及染料的吸附扩散。较高温度致使染液中不同分子间的活跃程度,有利于络合反应的形成,同时一定的高温也能够进一步增加所染色彩的稳定性。

表 2-7　温度对上染织物颜色特征值的影响

条件	L	a	b	c	h
原布	91.30	0.03	3.65	3.65	89.51
20℃	78.26	1.17	0.89	1.90	28.01
30℃	76.25	1.34	1.69	2.16	51.68
40℃	75.49	1.48	5.08	5.29	73.78
50℃	75.19	2.21	6.02	6.41	69.82
60℃	67.18	7.40	2.31	7.76	17.34

（3）温度对上染织物抗紫外性能的影响。由图 2-10 可知,上染温度为 20℃

时,织物的紫外线透过率最高,当上染温度为 60℃ 时,织物的紫外线透过率最低。又由图 2 - 11 可知,随着黑米色素上染织物的温度的升高,织物的 UVA 和 UVB 值逐渐下降,在 60℃ 时下降明显。最后由图 2 - 12 可知,在上染温度为 20 ~ 50℃ 范围内,UPF 值的变化不大,而在上染温度 50 ~ 60℃ 范围时,织物的 UPF 值的增长率迅速升高。由此说明染色织物在上染温度为 20 ~ 50℃ 时,织物的抗紫外效果并没有明显提高或是降低;在上染温度为 60℃ 时,织物的 UPF 值获得了明显的提高。

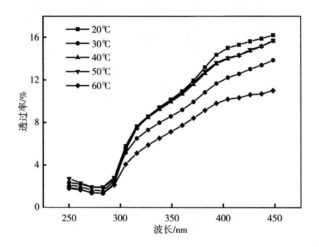

图 2 - 10　温度对上染织物抗紫外性能的影响

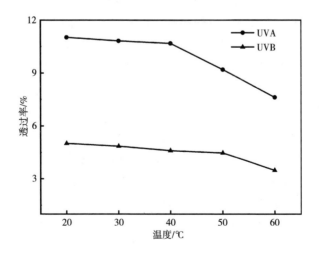

图 2 - 11　温度对上染织物 UVA、UVB 的影响

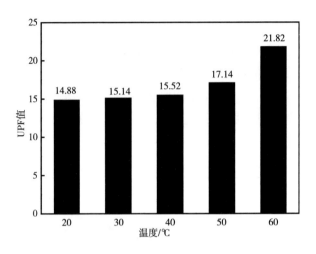

图 2-12 温度对上染织物 UPF 值的影响

总之,可以看出,随着染色温度的不断提高,织物的抗紫外线作用得到了改善。随着染色温度的升高,黑米色素颗粒可以自动移动到纤维表面并吸附在纤维上,或者通过热运动进入纤维间隙。另外,由于桑蚕丝属于蛋白质纤维,因此蛋白质大分子含有大量的氨基。当黑米色素在纤维上着色时,黑米色素中的羟基可以与纤维中的氨基形成氢键,因此可以有效增进黑米色素对蚕丝纤维的上染率,从而增加纤维对染料的吸附量并改善织物的抗紫外性能。

2.3.1.3 酸碱性对黑米色素上染桑蚕丝织物的影响

(1)酸碱性对上染织物颜色的影响(温度 60℃,时间 60min)。由表 2-8 可以看出,在强酸性条件下,织物样品的颜色最深,黑米色素对桑蚕丝织物的着色效果最佳。由表可知,强酸性条件下的织物颜色与弱酸性条件下的织物颜色接近,但是随着 pH 的升高,织物的颜色逐渐由紫红色变粉红色最后直至无色。当 pH 为强碱性时,织物颜色几乎接近于原布,黑米色素几乎未上染织物。在不同的 pH 条件下,蛋白质纤维所带电荷的性质会对纤维吸附染料离子产生很大影响。当染液的 pH 小于织物的等电点时纤维所带电荷呈正电性;而当染液的 pH 高于织物的等电点时纤维所带电荷呈负电性,此时染料与桑蚕丝织物之间依靠氢键和范德瓦斯力发生结合,且染料与纤维之间还存在离子键。强酸性和弱酸性条件下织物的颜色较深可能是因为织物在酸性条件下发生了超当量吸附。

表 2-8　酸碱性对上染织物颜色的影响

原布	pH = 3	pH = 5	pH = 7	pH = 9	pH = 11

（2）酸碱性对上染织物 K/S 值和颜色特征值的影响。pH 是影响天然染色织物颜色深度和光谱的重要因素。

由图 2-13 可知，随着染液 pH 的增大，被染织物的 K/S 值逐渐减小，曲线也呈陡峭的下降形态。当条件是强酸性时，织物的 K/S 值最大，而当条件为强碱性时，织物的 K/S 值最小。由表 2-9 可以看出，随着染液 pH 的升高，染色织物的明暗度 L 值逐渐增加，而红绿色度 a 值则逐渐下降，说明染色织物的颜色变浅，得色量降低，红光变弱。而 pH 是强酸性时，被染织物的颜色最深，为紫红色，得色量明显较其他 pH 多，色调呈紫红色；当 pH 为强碱性时，织物的得色量明显减少，红绿色度 a 值几乎为零，染料几乎未上染织物。

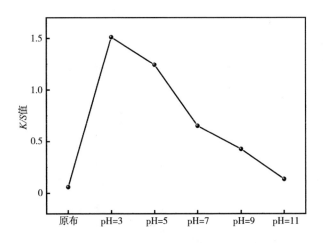

图 2-13　酸碱性对上染织物 K/S 值的影响

表 2-9　酸碱性对上染织物颜色特征值的影响

条件	L	a	b	c	h
原布	91.30	0.03	3.65	3.65	89.51

续表

条件	L	a	b	c	h
pH = 3	56.47	12.40	5.55	13.59	24.11
pH = 5	58.53	9.68	3.98	10.46	22.34
pH = 7	67.18	7.40	2.31	7.76	17.34
pH = 9	78.61	3.57	10.40	10.99	71.05
pH = 11	88.90	0.31	7.56	7.57	87.66

桑蚕丝纤维的等电点为 3.5 ~ 5.2。当染液的 pH 小于织物的等电点时纤维所带电荷呈正电性,桑蚕丝纤维与染料之间不仅存在着范德瓦尔斯力和氢键,而且在桑蚕丝纤维和染料之间还存在离子键;而当染液的 pH 高于织物的等电点时纤维所带电荷呈负电性,染料分子和蚕丝纤维均为阴离子性且一直存在静电斥力,这不利于黑米色素上染桑蚕丝纤维。

(3)酸碱性对上染色织物抗紫外性能的影响。由图 2-14 可以看出,随着染液pH 的不断升高,被染织物的紫外线透过率也不断升高。又由图 2-15 可知,染色织物的 UVA 和 UVB 值也随着 pH 的增加而不断升高。织物在强酸性条件下的UVA 和 UVB 值最低,在强碱性条件下的 UVA 和 UVB 值最高。最后由图 2-16 可知,随着 pH 的升高,上染织物的 UPF 值不断降低。且在强酸性条件下,上染织物的 UPF 值最高,在强碱性条件下织物的 UPF 值最低。

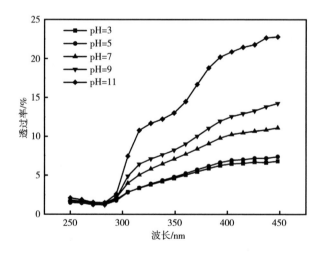

图 2-14　酸碱性对上染织物抗紫外性能的影响

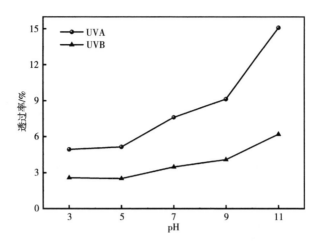

图 2-15　酸碱性对 UVA、UVB 的影响

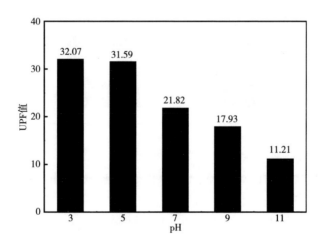

图 2-16　酸碱性对 UPF 值的影响

　　综上所述,说明随着 pH 的升高,织物的抗紫外性能逐渐下降,且织物在强酸性条件下的抗紫外效果最好,在强碱性条件下抗紫外效果最差。这是因为桑蚕丝是蛋白质纤维,并且该蛋白质纤维表现为耐酸、不耐碱。碱对蛋白质纤维的破坏作用不仅可以破坏肽链之间的盐键,而且在高浓度时可以催化肽键的水解。多肽键被水解,结晶区被破坏,丝胶的溶解度增加。因此,pH 越高,织物的抗紫外线效果越差。在酸性条件下,该织物具有更好的抗紫外线性,因为染色的织物比未染色的织物具有更低的紫外线透射率。颜色越深,紫外线透射率越低,红色最容易吸收紫外线。

2.3.2 媒染染色

2.3.2.1 前媒染色对黑米色素上染桑蚕丝织物的影响

(1)不同媒染剂对上染织物颜色的影响(温度60℃、时间60min、pH为中性)。

由表2-10可知,与直接染色所得的织物相比,使用不同媒染剂媒染所得到的织物的颜色更深,并且使用媒染剂硫酸铜媒染得的织物具有更好的着色性能,和使用硫酸亚铁和硫酸铝媒染得到的织物一样,用媒染剂硫酸铜染色的织物也表现出轻微的不均匀着色现象,可能是因为媒染处理后未充分水洗的原因,使染料在织物表面上形成色淀。媒染剂的预处理可以降低色素分子与纤维之间的排斥力,从而提高植物染料的染料吸收率。

表2-10 不同媒染剂对上染织物颜色的影响

直接染色	硫酸亚铁	硫酸铜	硫酸铝

(2)不同媒染剂对上染织物 K/S 值和颜色特征值的影响。在预媒染条件下(pH中性,温度60℃,时间60min),不同媒染剂媒染得的桑蚕丝织物的 K/S 值和颜色参数的影响如图2-17和表2-11所示。

由图2-17可知,与直接染色对比,媒染剂硫酸亚铁和硫酸铜的加入提高了织物的 K/S 值,而媒染剂硫酸铝的 K/S 值略微低于直接染色条件下的 K/S 值。可能是染料分子中含有能与金属离子螯合的基团,它与金属盐媒染剂形成螯合物而使染料分子牢固地附着在纤维上。

从表2-11可以看出,三种不同的媒染剂媒染得的织物的颜色特征值变化差异较大。三者中硫酸铝的明度 L 最大,硫酸铜的红绿色度 a 值、色相 b 值和纯度 c 值均高于其他两者,硫酸铜媒染剂的颜色特征值的数值整体上高于硫酸亚铁和硫酸铝。在色调上,硫酸亚铁媒染剂染色主要呈灰褐色调,硫酸铜媒染剂主要呈棕红色调,硫酸铝媒染剂主要呈灰棕色调。三种媒染剂相比,硫酸铜媒染剂中的铜离子与黑米色素的反应概率更大,显色效果相对明显,呈红棕色调。因此,在预媒染条件下,硫酸铜媒染剂染色效果最好。

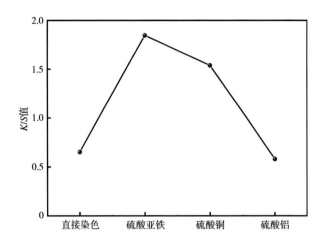

图 2 - 17　不同媒染剂对染色织物 K/S 值的影响

表 2 - 11　不同媒染剂对染色织物颜色特征值的影响

条件	L	a	b	c	h
直接染色	67. 18	7. 40	2. 31	7. 76	17. 34
硫酸亚铁	56. 46	1. 76	6. 45	6. 69	74. 73
硫酸铜	64. 48	4. 10	14. 92	15. 47	74. 63
硫酸铝	72. 00	1. 59	5. 96	6. 17	75. 05

（3）不同媒染剂对染色织物抗紫外效果的影响。由图 2 - 18 可知,在前媒染条件下采用硫酸铝媒染得的织物的紫外线透过率是三者之中最高的,使用硫酸亚铁和硫酸铜媒染得的织物的紫外线透过率相对于硫酸铝来说较低,且用硫酸亚铁媒染得的织物的紫外线透过率还略低于硫酸铜。由图 2 - 19 可知,用硫酸亚铁媒染得到的织物的 UVB 和 UVA 的数值均较小,其次是硫酸铜,使用硫酸铝的织物的 UVA 和 UVB 值最高。最后由图 2 - 20 可知,使用媒染剂硫酸亚铁染色的织物的 UPF 值最高,其次是硫酸铜,使用硫酸铝染得的织物的 UPF 值较低。

综上所述,使用硫酸亚铁和硫酸铜媒染得的织物的抗紫外效果较好,其中媒染剂硫酸亚铁媒染效果最好,而选取硫酸铝媒染染得的织物的抗紫外效果较差。

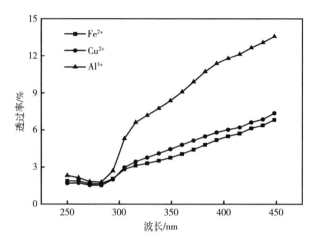

图 2−18 不同媒染剂对染色织物抗紫外效果的影响

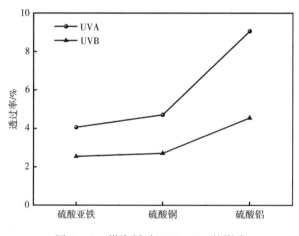

图 2−19 媒染剂对 UVA、UVB 的影响

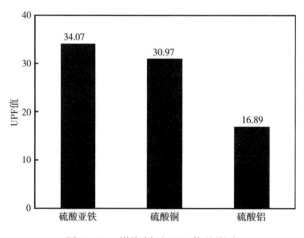

图 2−20 媒染剂对 UPF 值的影响

2.3.2.2 后媒染染色对黑米色素上染桑蚕丝织物的影响

（1）不同媒染剂对上染织物颜色影响（温度60℃，时间60min，pH中性）。由表2-12可以看出，与直接染色所得的织物相比，用媒染剂硫酸铜和硫酸铁染色的织物具有更好的着色效果和得色量，且用媒染剂硫酸铜染色的织物的匀染性较好，用媒染剂硫酸铝染色的织物匀染性较差。由于媒染剂含有金属离子，并且金属离子可以与织物和染料发生络合反应，因此染料可以更好地固定在丝纤维上。无论是通过直接染色所得的织物还是通过染色获得的织物，都会出现染色略微不均匀的问题，可能是在染色过程中，染料可能未完全上染。

表2-12 不同媒染剂对上染织物颜色的影响

直接染色	硫酸亚铁	硫酸铜	硫酸铝

（2）不同媒染剂对上染织物 K/S 值和颜色特征值的影响。在后媒染条件下，pH为中性、染色温度为60℃、染色时间为60min时，研究了不同媒染剂对黑米色素上染桑蚕丝织物 K/S 值和颜色特征值的影响。由图2-21可知，与直接染色所测得的 K/S 值相比，采用硫酸铜媒染得到的织物的 K/S 值最大，其次是硫酸亚铁，最小是硫酸铝，甚至低于直接染色的 K/S 值。

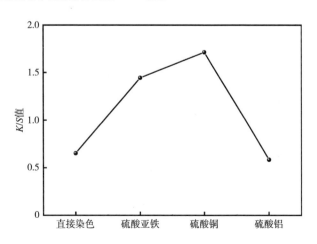

图2-21 不同媒染剂对上染织物 K/S 值的影响

由表2-13可知,采用媒染剂硫酸铜媒染的织物的红绿色度 a 值、色相 b 值和纯度 c 值均高于另外两种媒染剂,采用硫酸亚铁媒染得到的织物的颜色特征值略小于硫酸铜,但是使用硫酸铝媒染得到的织物的特征值与前两者媒染剂差距较大。三种媒染剂中,用硫酸铜媒染得到的织物的颜色特征值更高,织物红调明显,得色量较高,显色效果相对明显。

表2-13　不同媒染剂对上染织物颜色特征值的影响

条件	L	a	b	c	h
直接染色	67.18	7.40	2.31	7.76	17.34
硫酸亚铁	63.69	3.13	11.06	11.49	74.21
硫酸铜	63.42	4.67	15.37	16.06	73.08
硫酸铝	72.64	2.12	7.06	7.37	73.27

(3)不同媒染剂对上染织物抗紫外效果的影响。由图2-22可知,采用媒染剂硫酸铝媒染得到的织物的紫外线透过率最大,采用媒染剂硫酸铜和硫酸亚铁媒染得到的织物的紫外线透过率较低,且用硫酸亚铁媒染的织物的紫外线透过率更小。由图2-23可知,采用媒染剂硫酸亚铁媒染得到的织物 UVB 和 UVA 的数值均较小,其次是硫酸铜,使用硫酸铝的织物的 UVA 和 UVB 值最高。最后由图2-24可知,使用媒染剂硫酸亚铁染色的织物的 UPF 值最高,其次是硫酸铜,使用硫酸铝的织物的 UPF 值较低。

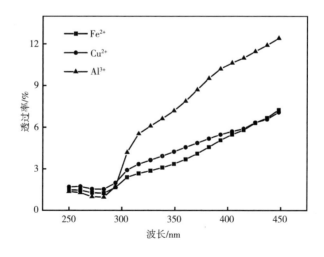

图2-22　不同媒染剂对上染织物抗紫外效果的影响

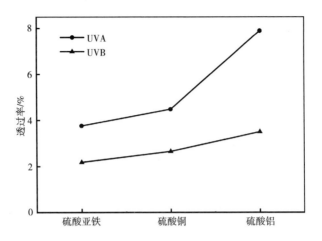

图 2-23　媒染剂对上染织物 UVA、UVB 的影响

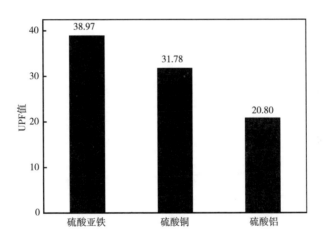

图 2-24　媒染剂对上染织物 UPF 值的影响

综上所述,使用媒染剂硫酸亚铁染色的织物的抗紫外效果最好,使用媒染剂硫酸铜染色的织物的抗紫外效果较好,使用媒染剂硫酸铝染色的织物的抗紫外效果最差。

2.3.2.3　同浴法染色对黑米色素上染桑蚕丝织物的影响

(1)不同媒染剂对上染织物颜色的影响(温度 60℃,时间 60min,pH 为中性)。由表 2-14 可知,与直接染色条件下的织物不同的是,媒染染色的织物的颜色都较深,且用媒染剂媒染得到的织物颜色和直接染色所得织物颜色区别较大。这可能是因为染料中的发色基团参与络合反应,所以使媒染前后的织物颜色发生了一定的改变。采用硫酸铜媒染得到的织物上染率最高,得色量也最大。但是与其他两个媒染剂一样,存在轻微织物染色不均匀的问题。可能是在恒温下染色时,染料未充分上染,染料发生沉淀而造成色花。

表2-14 不同媒染剂对上染织物颜色的影响

直接染色	硫酸亚铁	硫酸铜	硫酸铝
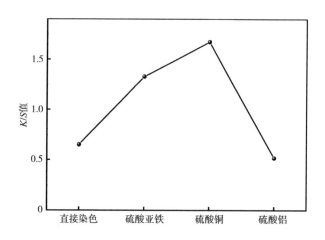			

(2)媒染剂对上染织物 K/S 值和颜色特征值的影响。不同媒染剂对黑米色素上染桑蚕丝织物 K/S 值和颜色特征值的影响如图 2-25 和表 2-15 所示。由图 2-25 可知,与直接染色所得织物的 K/S 值相比,用硫酸铜染色染成的织物的 K/S 值较大,其次是硫酸亚铁,且用硫酸铝染色染成的织物的 K/S 值较小。

图 2-25 不同媒染剂对上染织物 K/S 值的影响

由表 2-15 可知,采用硫酸铝媒染得到的织物明度值 L 比较大,用硫酸铜媒染得到的织物的明度值 L 较小,又由表中数据可得,用硫酸铜媒染得到的织物的红绿色值 a、色相 b 值和纯度 c 值较高,用硫酸亚铁媒染得到的织物的颜色特征值略低于硫酸铜,与使用硫酸铝染色的织物的颜色特征值的差值较大。总体来说,使用媒染剂硫酸铜染色的织物的红调最深,得色量最高,匀染性也最好,显色效果相对明显。

表 2-15　不同媒染剂对上染织物颜色特征值的影响

条件	L	a	b	c	h
直接染色	67.18	7.40	2.31	7.76	17.34
硫酸亚铁	66.60	3.10	12.95	13.32	76.53
硫酸铜	64.34	4.98	16.36	17.10	73.08
硫酸铝	73.03	1.29	5.52	5.67	76.80

(3)不同媒染剂对上染织物抗紫外效果的影响。由图 2-26 可知,在同浴法条件下,用硫酸铝染色所得到的织物紫外线透过率最高,而用硫酸铜和硫酸亚铁染色的紫外线透过率比较低,在波长 400nm 后,使用硫酸铜染色的紫外线透过率低于硫酸亚铁。由图 2-27 可知,在同浴法条件下,用硫酸亚铁染色所得到的织物的 UVB 和 UVA 值比较小,其次是硫酸铜,使用硫酸铝染色的织物的 UVA 和 UVB 值最高。最后由图 2-28 可知,在同浴法条件下,使用媒染剂硫酸亚铁染色的织物的 UPF 值最高,其次是硫酸铜,使用硫酸铝的织物的 UPF 值较低。综上所述,使用媒染剂硫酸亚铁染色的织物的抗紫外效果最好,硫酸铜染色的织物的抗紫外效果较好,使用硫酸铝染色的织物的抗紫外效果最差。

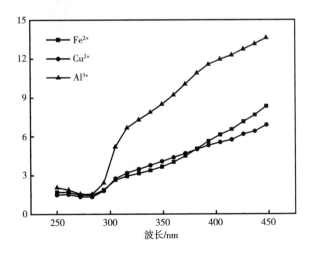

图 2-26　不同媒染剂对上染织物抗紫外效果的影响

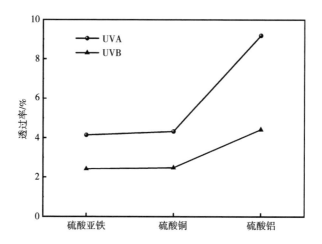

图 2-27 媒染剂对上染织物 UVA、UVB 的影响

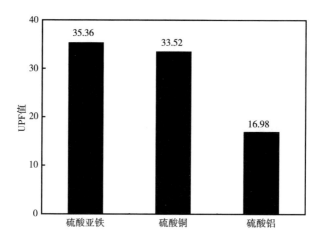

图 2-28 媒染剂对上染织物 UPF 值的影响

2.3.2.4 不同媒染剂对黑米色素上染桑蚕丝织物的影响

从以上实验结果可以看出,黑米色素采用后媒染染色法可获得较高的表观色深值,且染色后的织物具有较好的匀染和透染性能。图 2-17、图 2-21 和图 2-25 表明,媒染剂媒染后得到的织物的 K/S 值有了一定程度的提高,其中使用媒染剂硫酸亚铁和硫酸铜媒染得到的织物的 K/S 值较高,而使用媒染剂硫酸铝媒染得到的织物的 K/S 值较低。不同媒染剂染成的织物的色度指数不同,染成的织物也呈现出不同的颜色。

黑米色素含有可以与金属离子发应生成螯合环的配位结构,所以金属离子会反映出该金属离子所属媒染剂的特性。同时,不同的金属离子和黑米色素的着色糖苷的络合能力不同,因此,金属络合物与桑蚕丝纤维的结合力是不同的,故而媒染染色所得到的织物的得色量呈现不同的趋势。

2.3.2.5　媒染染色对织物抗紫外性能的影响

许多染料可以吸收紫外线,并且染色的织物比未染色的织物具有较低的紫外线透射率。颜色越深,紫外线透射率越低,红色最容易吸收紫外线。在该实验中选择的染料是天然染料黑米颜料。天然染料对蛋白质纤维的亲和力远远低于合成染料,而且相较于合成染料,天然染料的吸收率也较低。所以为增加织物的染色牢度,一般加入媒染剂对纤维进行染色,从而使染料更多地上染到织物表面。用亚铁盐与媒染剂媒染得到的灰褐色的耐光性和耐洗牢度通常较好。

纺织品表面被覆盖的系数越大,紫外线穿透织物的概率就越低,这是由于纤维与纤维之间、纱线与纱线之间的空隙小。媒染剂包含金属离子,并且金属离子可以与织物和染料发生络合反应,使染料可以更好地固着在丝纤维上。Al^{3+} 和 Cu^{2+} 与染料、纤维的结合方式如图 2-29 所示。

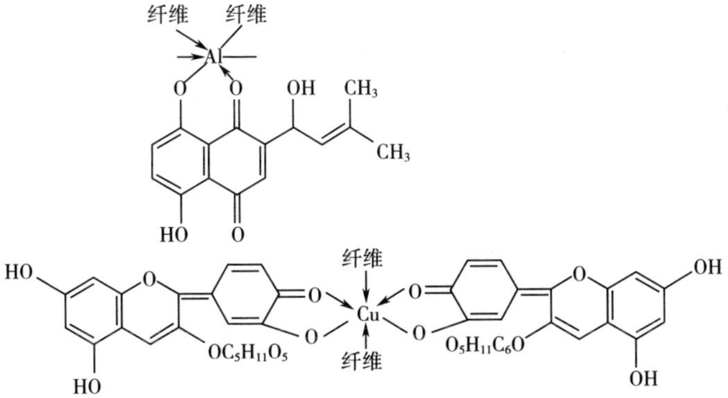

图 2-29　Al^{3+} 和 Cu^{2+} 与染料、纤维的结合方式

2.3.3　染色方法对织物耐日晒色牢度的影响

2.3.3.1　直接染色对上染织物耐日晒色牢度的影响

表 2-16 中织物的上染条件均为:染色时间 60min,染色温度 60℃(布样的上半部分为经过日晒测试的部分)。

表 2-16 直接染色对上染织物耐日晒色牢度的影响

强酸性	中性	弱碱性

由表 2-16 可知,不同 pH 条件下的直接染色的桑蚕丝织物的耐光性均较差。丝素蛋白中含有许多种类的氨基酸,例如,色氨酸、络氨酸以及苯丙氨酸等,氨基酸可以和紫外线产生一系列复杂的光化学反应,因而增加了织物吸收紫外线的能力。但是,光化学反应会破坏蚕丝纤维大分子结构中的肽键,甚至是大分子链发生断裂,从而在一定程度上降低蚕丝纤维的强度和伸长率。与此同时,紫外线的照射会导致蚕丝的表面发黄变色。桑蚕丝纤维具有一定的抗紫外线能力,但是蚕丝纤维以自身质量为代价而实现的抗紫外线功能是变黄和变脆,实际上非常弱,因此非常有必要进行蚕丝纤维的抗紫外线整理。

2.3.3.2 媒染染色对上染织物耐日晒色牢度的影响

表 2-17 织物的染色条件均是:染色时间 60min,染色温度 60℃,pH 中性,使用的媒染剂是硫酸亚铁,布样的上半部分为经过日晒测试的部分。

表 2-17 媒染染色对上染织物耐日晒色牢度的影响

直接染色	前媒染	后媒染	同浴法

从表 2-17 中织物样品可以看出,直接染色的桑蚕丝织物的耐光性较差,使用媒染剂媒染染色得到的织物的耐光性较好。且在三种媒染方法中,前媒染后的织物显示出的颜色最深,但匀染性能不及后媒染染色的织物。经后媒染染色的织物匀染性最佳,且经后媒染染色的织物红调更深。三者耐日晒色牢度前媒染最好,后媒染次之,同浴法最差。染色的织物比未染色的织物紫外线低,颜色越深紫外线透过率越低,与直接染色的织物相比,用媒染剂上染的织物的颜色更深且发生了较大的变化,可能是因为媒染剂内含有能与染料发生化学反应的金属离子,所以染料的

上染率增大,纤维对黑米色素的吸附量增大。

2.3.3.3　媒染染色对上染织物耐水洗色牢度的影响

从表 2-18 中可以看出,经过水洗处理后,不同染色方式染得的织物颜色都发生了变化,直接染色法水洗之后颜色变化明显,表明其耐水洗牢度较差。加入媒染剂之后色牢度具有明显的提高,预媒染色法和后媒染色法染得的织物在经水洗后亮度都明显降低,织物中的浮色被洗去,颜色变浅。同浴染色法染的织物颜色较深,水洗后颜色发生轻微变化,媒染染色与直接染色方式相比耐水洗色牢度较好。这是由于媒染剂中 Fe^{2+} 可同时与黑米色素分子和蚕丝纤维上的—NH_2、—NH—、—C≡O、—COOH、—OH 结合,使染料更加坚牢地固着在织物上。

表 2-18　媒染染色对上染织物耐水洗色牢度的影响

染色方法	直接染色法	前媒染色法	后媒染色法	同浴法
原始				
水洗				

2.3.3.4　媒染染色对上染织物耐摩擦色牢度的影响

从表 2-19 中可以看出,经过干摩擦处理后,织物颜色没有发生明显的变化,表明织物具有较好的耐摩擦牢度,耐摩擦色牢度在 3～4 级以上。加入媒染剂之后,金属离子、黑米色素与蚕丝纤维之间形成了络合结构,可以增加染料与纤维之间的直接性,降低染料的水溶性,使染料可以较牢固地与纤维结合,故织物展现较好的耐摩擦色牢度。

表 2-19　媒染染色对上染织物耐摩擦色牢度的影响

染色方法	直接染色法	前媒染色法	后媒染色法	同浴法
原样				

续表

染色方法	直接染色法	前媒染色法	后媒染色法	同浴法
摩擦后样品				

2.4　小结

（1）从上述实验结果可知,黑米色素在酸性条件下的上染效果较好,在碱性条件下织物的着色效果不理想,黑米色素总体表现为较耐酸、不耐碱。

（2）由上述黑米色素上染桑蚕丝织物的实验可知,在条件为染色时间60min、染色温度60℃时,黑米色素上染织物的着色效果最好,浴比1:125。

（3）上述实验选取媒染剂硫酸亚铁和硫酸铜以及硫酸铝媒染桑蚕丝织物,媒染染色后,织物的耐水洗色牢度显著提高,耐日晒色牢度显著增强,且抗紫外效果得到一定程度的提高。

（4）黑米色素上染桑蚕丝织物可以增强织物的抗紫外效果。

参考文献

[1]刘长姣,于徊萍,孟宪梅. 黑米色素成分和提取工艺研究进展[J]. 中国食品添加剂,2015(11):141－145.

[2]李昌文,张丽华,纵伟. 黑米色素的提取工艺及生物活性研究进展[J]. 中国调味品,2019,44(7):168－170,175.

[3]吕玥,雷钧涛. 浸提法提取黑米色素工艺研究[J]. 吉林医药学院学报,2018,39(6):433－435.

[4]孔令瑶,汪云,曹玉华,等. 黑米色素的组成与结构分析[J]. 食品与生物技术学报,2008(2):25－29.

[5]容瑞邦,吴赞敏. 天然染料的应用及其局限性[J]. 广西纺织科技,2009,38(2):32－33.

[6]周燕. 天然染料及其应用[J]. 国外丝绸,2006(1):32－33.

[7]李媛,李美真. 天然植物染料在柞蚕丝染色中的应用[J]. 天津纺织科技,

2016(1):45 - 46,44.

[8]万骏,李俊锋,姜会钰,等. 天然染料的应用现状及研究进展[J]. 纺织导报,2020(10):70 - 77.

[9]YANMEI JIA, BO LIU, DEHONG CHENG, et al. Dyeing Characteristics and Functionability of Tussah Silk Fabric with Oak Bark Extract[J]. Textile Research Journal ,2017,87(15):1806 - 1817.

[10]KYUNG HWA HONG. Preparation and Properties of Cotton and Wool Fabrics Dyed by Black Rice Extract[J]. Textile Research Journal ,2015,85(18):1875 - 1883.

[11]贾艳梅,刘治梅,路艳华,等. 黑米天然色素在柞蚕丝绸上的染色性能[J]. 印染助剂,2015,32(2):10 - 13.

[12]周培剑,余志成. 黑米色素提取及其对真丝织物的染色[J]. 现代纺织技术,2012,20(3):5 - 9.

[13]贾艳梅. 媒染剂对柞蚕丝黑米色素冷堆染色的影响[J]. 印染,2014,40(6):27 - 29,43.

[14]徐静,姜萌萌. 黑米对棉织物媒染染色性能的研究[J]. 上海纺织科技,2016,44(7):37 - 39.

[15]邢亚均,沈勇,王黎明,等. 芳砜纶染色织物耐日晒色牢度的影响因素[J]. 印染,2016,42(14):33 - 37.

[16]曹利慧. 黑米色素稳定性研究[J]. 安徽化工,2019,45(5):66 - 69.

[17]杨光. 浅析天然色素活性研究及应用[J]. 中国现代医药杂志,2007,9(2):25 - 26.

[18]高巧燕,陈前维,孔雀. 棉羊绒混纺针织物抗紫外线整理研究[J]. 染整技术,2016,38(4):52 - 54,62.

[19]岳新霞,蒋芳,宁晚娥,等. 棉织物的抗紫外线整理研究[J]. 上海纺织科技,2015,43(11):73 - 76.

[20]蒋瑜春,张袁松. 蚕丝纤维抗紫外线整理研究进展[J]. 蚕学通讯,2012,32(3):30 - 34.

[21]范铁明,杨岚,赵志军. 天然与传统媒染剂植物染色比较研究[J]. 针织工业,2021(4):45 - 48.

[22]杨蓉,赵燕强,王传发,等. 植物染料环保型媒染剂的研究[J]. 印染助剂,2021,38(1):13 - 17.

[23]王慧,袁倩宇,赵志军. 五倍子染色柞蚕丝的黑色调色阶研究[J]. 针织工业,2020(11):44 - 48.

第3章 黑米色素在柞蚕丝织物无媒染色中的应用

3.1 概述

3.1.1 柞蚕丝

柞蚕丝属于蛋白质纤维,主要成分有丝素、丝胶、脂蜡及天然色素等。柞蚕丝手感柔软,富有具弹性,耐热性能良好。柞蚕丝中丝素占80%、丝胶约占15%。柞蚕丝由两根平行的扁平单丝黏合而成,纤维内部由结晶区和非结晶区相间构造。柞蚕丝表面的毛细孔较细,越向纤维中心靠近,毛细孔越粗。柞蚕丝生丝不易染色,经水润湿处理后缩幅较大。柞蚕丝,作为一种天然蛋白质纤维,具有优良的湿蒸汽传导性能和舒适的穿着体验,是一种良好的服装面料。在染色方面,对于柞蚕丝纤维的印染常使用合成染料。因为合成染料色谱齐全,具有优良的染色牢度。但是合成染料及相关整理剂仍然存在一些缺点和不足,比如对于人们身体的毒性和对于环境的污染。

近年来,应用天然染料染色的趋势不断提升。主要是因为天然染料具有环境友好的特点,天然染料在无毒的功能整理、环境友好型整理方面具有独特的优势。天然染料已经被实践证实,因为其非致癌的、可降解的性能比合成染料在染整处理中更加安全。另外,政府及相关部门出于纺织品安全、环境污染和消费者健康的考虑而制定的更加严格的法规为天然染料的发展与应用提供了条件。有关天然植物染料的记载可追溯到周朝,自此以后开始有了与之相关的官职或管理机构,例如染草官,秦朝的染色司、唐宋的染院、明清时期的蓝靛所等。对于天然染料的应用也从最开始的矿物染料染色植物染料染色再发展为媒染剂和天然染料共同作用下染色。黑米可食用,黑米经处理提取出的黑米色素健康、环境友好、资源丰富,可作为纺织品染色的天然染料。

3.1.2　直接染料、活性染料染色柞蚕丝

直接染料上染柞蚕丝纤维时,中性电解质在染浴中的浓度要适中,电解质浓度过低时会导致促染效果不明显,电解质浓度过高时会影响匀染性。对柞蚕丝染色时一般染色 60min 较好。直接染料对柞蚕丝进行上染时,染浴中的中性电解质通过降低静电斥力,减小浓度差产生的能阻,降低染料胶粒的动电电位等机理进行促染,染浴中残留中性电解质会造成环境污染。由于直接染料本身的特性,对染色时间,染色温度都会有一定要求。

柞蚕丝纤维中所含有的反应性基团($—NH_2$、$—OH$)较少,活性染料的固色率较低。通过壳聚糖在柞蚕丝织物表面成膜。壳聚糖对活性染料的亲和力较高,上染速率快,固色率高。染色 K/S 值随着壳聚糖分子量的增加而先增加,当分子量达10 万左右时开始下降。活性染料上染表面覆盖壳聚糖大分子的柞蚕丝,虽然会大幅提升上染率、固色率、染色 K/S 值,但活性染料会要求较高浓度的盐与碱。同时覆盖在柞蚕丝表面的壳聚糖大分子会对柞蚕丝织物的手感产生影响。

3.1.3　天然染料染色柞蚕丝

3.1.3.1　苏木对柞蚕丝织物的染色

苏木素是苏木的主要成分。不同 pH 下,苏木所呈现出的颜色有较大差异,这主要是由于 pH 由低向高增加的过程中,苏木中的无色苏木精逐渐向氧化苏木精转化。可通过预媒染色法进行媒染,媒染法色光稳定性大小顺序为:直接染色 > 铁媒法 > 铝媒法。通过与媒染剂的络合作用,染料相对于直接染色法可以更加牢固地固定在纤维上。媒染法可有效提升染料染色牢度,但媒染法对提升天然染料色牢度的作用有限。

3.1.3.2　银杏叶对柞蚕丝织物的染色

银杏叶色素中含有较多酚羟基。乙醇可对干黄色银杏叶色素进行提取,提取的色素在酸性环境下的稳定性高于在碱性环境下的稳定性。银杏叶色素在低于100℃时很稳定。控制 pH,用银杏树叶色素对柞蚕丝织物染色。经 Na_2CO_3 处理后染液染色的染样各项牢度均有提高。

3.1.3.3　紫草对柞蚕丝织物的染色

紫草染色柞蚕丝织物,先用乙醇提取紫草色素。采用直接染色的方法。也可用媒染法对紫草色素进行改色,紫草色素与金属离子,柞蚕丝纤维络合。媒染法染色和直接染色后染色试样的干湿摩擦牢度可达到 3 级以上。

众多天然染料对柞蚕丝纤维染色的应用为黑米色素的应用上打下了良好的基础。

3.2 实验内容

3.2.1 实验材料及仪器

3.2.1.1 实验材料

黑米(五常市彩桥米业有限公司),柞蚕丝织物($6cm \times 6cm$,$51.7g/m^2$,$4.66tex \times 4.66tex$)。

3.2.1.2 实验药品、试剂及仪器设备

实验主要药品及试剂见表3-1。

表3-1 实验主要药品及试剂

药品	规格	生产厂家
氢氧化钠	分析纯	国药集团化学试剂有限公司
醋酸	分析纯	国药集团化学试剂有限公司

实验主要仪器设备见表3-2。

表3-2 实验主要仪器设备

仪器设备	生产厂家
电子天平 TP-A200	福州华志科学仪器有限公司
数显恒温水浴振荡锅	常州国华电器有限公司
UV-1201 紫外—可见分光光度计	上海元析仪器有限公司
电热鼓风干燥箱 DHG-9030A	上海一恒科学仪器有限公司
Datacolor400 色差仪	广州艾比锡科技有限公司
UV-2000 紫外透射率分析仪	广州理宝实验室检测仪器有限公司
Phenom 飞纳台式扫描电镜	复纳科学仪器有限公司
日晒牢度测试仪	罗中科技

3.2.2 实验方法及步骤

3.2.2.1 黑米花色素的提取

将黑米用清水冲洗干净,按 $m[$黑米$(g)]:V[$蒸馏水$(9mL)]=1:15$ 的比例在烧杯中浸泡24h。即称取60g黑米,加蒸馏水于900mL,浸泡完成后,将烧杯中液体

抽滤。得到 900mL 黑米色素染液置于烧杯中备用。

3.2.2.2　黑米色素在不同 pH 下的紫外—可见光谱分析

花色素苷在酸碱的作用下,由于其不稳定的化学性质,会显示出不同的颜色。酸碱作用可改变其结构与性质。

取经浸泡提取的黑米色素染液 120mL,平均分置于 4 个烧杯中。每个烧杯 30mL 黑米色素染液。

用电子天平准确称取 4g NaOH 固体,溶于 500mL 蒸馏水中,配制 0.2mol/L 的 NaOH 溶液。可利用醋酸溶液、0.2mol/L 的 NaOH 溶液及 pH 试纸调节 4 个烧杯中黑米色素染液的 pH 分别为 3、5、7、9,取 4 个不同 pH 下染液各 3mL,定容至 25mL。在 UV‐2000 紫外透射率分析仪中测试。做出各个 pH 下黑米色素染液吸光度随波长变化的曲线,找出最大吸收波长。

3.2.2.3　黑米花色素染色方法的确定

直接染色法:用柞蚕丝织物直接染色,将裁剪好的 6cm×6cm 柞蚕丝织物置于锥形瓶中,分别按图 3‐1 工艺曲线控制染色 pH、染色时间、染色温度,进行染色,染色完成后用电热鼓风干燥箱 DHG‐9030A 进行烘干处理。烘干完成后,对染色完成的柞蚕丝织物进行 K/S 值、皂洗牢度、日晒牢度、抗紫外性能的测试。

黑米花色素通过直接染色法在染浴 pH 为 3,染色温度分别为 60℃、70℃、80℃、90℃时,染色时间 60min 的工艺曲线如图 3‐1 所示。

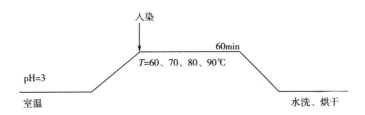

图 3‐1　黑米花色素直接染色法温度变量工艺曲线

黑米花色素通过直接染色法在染浴 pH 为 3,染色温度为 90℃时,染色时间分别为 20min、40min、60min、80min 的工艺曲线如图 3‐2 所示。

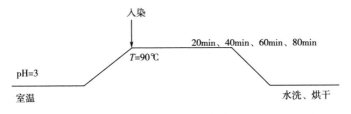

图 3‐2　黑米花色素直接染色法染色时间变量工艺曲线

黑米花色素通过直接染色法在染浴 pH 分别为 3、5、7、9,染色温度分别为 90℃时,染色时间为 60min 的工艺曲线如图 3-3 所示。

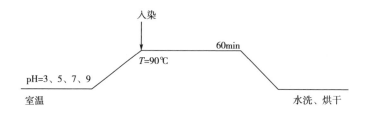

图 3-3 黑米花色素直接染色法染色 pH 变量工艺曲线

3.2.2.4 染色时间对柞蚕丝染色的影响

天然染料结构易受到很多因素的影响。黑米花色素上染柞蚕丝织物时,染色时间过短,染料分子向织物内部扩散时间有限。易造成上染率、色深较低,染色时间过长可能会造成黑米花色素分子结构被破坏。探究不同染色时间对柞蚕丝织物的 K/S 值、皂洗牢度、日晒牢度、抗紫外性能的影响具有重要意义。

在 60℃ 的水温下对 4 份 6cm × 6cm 柞蚕丝织物进行润湿处理 15min,按柞蚕丝与黑米染液以 1:200 的浴比分别加入 4 个锥形瓶中。将锥形瓶 1、2、3、4 分别放入确定的最佳染色温度的振荡水浴锅中染色 20min、40min、60min、80min。水洗烘干,测量织物 K/S 值、皂洗牢度、日晒牢度、抗紫外性能。

3.2.2.5 染色温度对柞蚕丝染色的影响

花青素苷的分子结构易受到染色温度的影响,因此探究染色温度对染色效果的影响。

在 60℃ 的水温下对 4 份 6cm × 6cm 的柞蚕丝织物进行润色处理 15min,按柞蚕丝与黑米染液以 1:200 的浴比分别加入 4 个锥形瓶中。将锥形瓶 5、6、7、8 分别放入 60℃、70℃、80℃、90℃ 的振荡水浴锅中染色,使用 3.2.2.4 中确定的最佳染色时间。染色完成后,取出织物水洗晾干,测量织物 K/S 值、皂洗牢度、日晒牢度、抗紫外性能。

3.2.2.6 染色 pH 对柞蚕丝染色的影响

黑米花色素染料分子在外界 pH 环境改变时,染料结构也会产生相应变化,柞蚕丝织物存在等电点,酸碱不同的情况下,柞蚕丝织物所带的电荷有较大差异,本步骤为探究黑米花色素染料在上染柞蚕丝织物时,所需要的最佳染色 pH 以及不同 pH 下所上染的不同颜色与效果。

在 60℃ 的水温下对 5 份 6cm × 6cm 柞蚕丝织物进行润色处理 15min,按柞蚕丝与黑米染液 1:200 的浴比分别加入 5 个锥形瓶中。通过醋酸分别调节 9 号、10

号锥形瓶中染浴的 pH 为 3、5。11 号锥形瓶中染浴为原液。通过 0.2mol/L 的 NaOH 溶液调节 12 号、13 号锥形瓶中的染浴 pH 为 7、9。以确定的最佳染色时间和最佳染色温度在振荡水浴锅中上染。染色完成后,取出织物水洗晾干,测量织物 K/S 值、耐皂洗色牢度、耐日晒色牢度、抗紫外性能。

3.2.3　性能测定及标准

3.2.3.1　织物 K/S 值的测定

通过 Datacolor400 色差仪直接测定织物的 K/S 值,以 GB/T 8424.1—2001《纺织品　色牢度试验　表面颜色的测定通则》为标准,根据 K/S 值评判织物的染色深浅。

3.2.3.2　织物耐日晒色牢度的测定

天然染料的耐日晒色牢度一般较差,将不同染色 pH 和不同染色时间的黑米色素上染柞蚕丝织物放入日晒牢度测试仪中。在测试仪中日晒处理 6h 后取出。通过扫描对比同一柞蚕丝织物上日晒部分与遮挡部分的色差。找出耐日晒色牢度最好的染色条件,图 3-4 为测试所用日晒牢度测试仪。

图 3-4　日晒牢度测试仪

3.2.3.3　织物耐皂洗色牢度的测定

将染色完成的 6cm×6cm 的柞蚕丝织物在皂液浓度为 5g/L,浴比 1:50,将试样放入耐皂洗色牢度实验仪中。预热 15min 后,在(40±2)℃条件下处理 30min;取出试样后,冷水中洗两次后,流动水条件下洗 10min,在空气中晾干,参照国标 GB/T 3921.1—1997。

3.2.3.4　织物抗紫外性能的测定

紫外线中 UVA 和 UVB 对人体皮肤伤害最大。抗紫外效果测定采用 AS/NZS

4399—1996 标准。试样 6cm × 6cm；测试温度室温（25℃），相对湿度为 30% ~ 80%。将试样叠成四层夹在测样孔上，在 250 ~ 448nm 紫外光范围扫描，测定织物对不同波长紫外光的透过率。抗紫外线性能与紫外线透过率有关，透过率越小抗紫外线性能越好。

根据紫外线透射率分析仪给出的紫外线透过率值，按表 3 - 3 紫外线防护效果评价标准进行评价。

表 3 - 3   紫外防护效果评价标准表

UPF 范围	防护分类	紫外线透过率/%	UPF 等级
15 ~ 24	较好	6.7 ~ 4.2	15,20
25 ~ 39	非常好	4.1 ~ 2.6	25,30,35
40 ~ 50,50+	非常优异	≤2.5	40,45,50,50+

3.3   实验结果与讨论

3.3.1   黑米色素在不同 pH 下的紫外—可见光谱分析

根据上述实验步骤，在 pH 为 3、5、7、9 下，3mL 染液定容至 25mL。其在不同 pH 下颜色如图 3 - 5 所示。从左到右黑米色素溶液的 pH 分别为 3、5、7、9，它的颜色变化顺序见表 3 - 4。

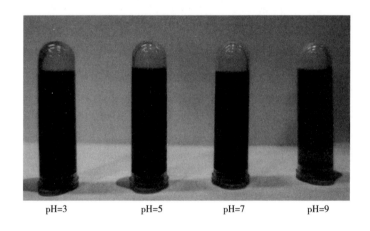

pH=3   pH=5   pH=7   pH=9

图 3 - 5   黑米色素在不同 pH 下颜色

表 3-4　不同 pH 下黑米花色素颜色

pH	3	5	7	9
颜色	红色	红色	红褐色	棕黄色

由图 3-6 可以看出,不同 pH 下在紫外光,可见光波长区间内吸收光谱有较大差异。紫外光和可见光区间内的最大吸收波长和最大吸光度均有差异。pH 为 3 时,黑米花色素在可见光区的最大吸光度波长为 505nm。pH 为 5 时,黑米花色素在可见光区的最大吸光度波长为 493nm,pH 为 7 时,黑米花色素在可见光区的吸光度随着波长的增加而减小,没有明显的波峰。pH 为 9 时,可见光区域的吸收峰完全消失。黑米色素在不同的 pH 下呈现出不同的色泽,主要原因是黑米色素属于花色苷类色素,pH 不同会发生结构互变异构。从而在不同 pH 下存在的不同异构体表现出的颜色不同。

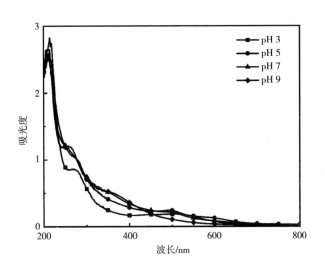

图 3-6　黑米花色素染浴在不同 pH 下吸光度随波长的变化

3.3.2　染色时间对柞蚕丝织物染色的影响

不同染色时间的柞蚕丝样品图见表 3-5,柞蚕丝织物的染色深度随着染色时间的增加有较明显的加深,在染色 60min 以上后,颜色的变化没有明显区别。在上染 20min 和 40min 时,柞蚕丝织物的扫描照片出现了明显的染色不匀现象。这是由于染色开始时,黑色色素染料浓度较高,染料吸附在纤维表面,没有足够的时间向纤维内部扩散,易造成染色不匀,随着染色时间的延长,染料逐渐扩散,不匀现象得到改善。在高温下染色较长时间时,部分附着在柞蚕丝上的黑米色素分子结构被破坏,在后续的水洗中被洗掉。

表3-5 不同染色时间染色样品图

染色时间/min	20	40	60	80
柞蚕丝织物				

K/S 值随染色时间的变化如图3-7所示,织物的 K/S 值在60min前随着染色时间的增加有明显的上升,在染色时间60min左右时达到峰值。从染色开始,黑米色素不断向柞蚕丝织物上聚集,附着在柞蚕丝织物上,60min后随着染色时间增加,柞蚕丝织物的染色深度开始略有下降,这是由于随着染色时间的延长,黑米色素从向柞蚕丝织物聚集的状态转向趋于染浴平衡状态。因此选择60min作为最佳染色时长,有相对较好的染色效果,同时节约了时间和能源成本。

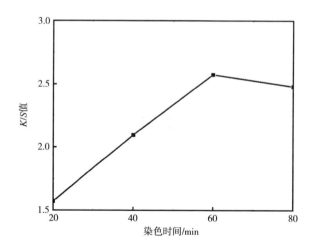

图3-7 染色时间对 K/S 值影响

3.3.3 温度对柞蚕丝织物染色的影响

不同染色温度对柞蚕丝染色影响见表3-6,在升温到90℃条件下上染时,柞蚕丝织物的颜色相对于80℃条件下上染时有一定的变化。原因是随着水温的升高,破坏了黑米色素的结构和柞蚕丝纤维的结构。色素吸附在柞蚕丝纤维表面后难以与纤维交联为原有的颜色。同时,在高温的作用下会对柞蚕丝这类蛋白质纤维产生不可逆的损伤,破坏蛋白质纤维的结构,导致织物的颜色改变,柞蚕丝的K/S值发生下降。同时,在染色温度为60℃和70℃时,柞蚕丝织物的扫描照片显示在此温度下的染色样品出现了不同程度的不匀现象,是由于温度较低时,染料分子扩散的能力有限,部分黑米染料没有扩散进纤维内部而聚集在纤维表面,易造成染色不匀。随着染色温度升高,染料分子扩散能力加强,匀染性得到改善。

对表3-6中染色样品图的颜色进行观察,染色温度从60℃上升到80℃的过程中,柞蚕丝织物的颜色逐步加深。在80℃向90℃继续加温过程中,柞蚕丝织物从紫红色变为红褐色并且光泽相对减少,因此选用染色温度为80℃最佳。

表3-6 不同染色温度下染色样品图

染色温度/℃	60	70	80	90
柞蚕丝织物				

各温度下样品所测得K/S值随染色温度的变化如图3-8所示,黑米色素上染柞蚕丝织物时,柞蚕丝织物的K/S值,随着温度的升高先增大;在染色温度为80℃时,柞蚕丝织物K/S值达到最大值;随着温度升高到90℃,柞蚕丝织物的K/S值有一定下降。

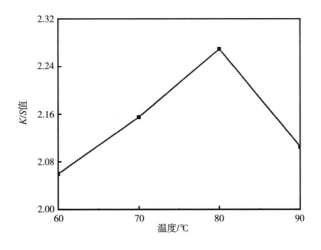

图3-8 染色温度对K/S值的影响

3.3.4 pH 对柞蚕丝织物染色的影响

不同染色 pH 对柞蚕丝织物染色的影响见表 3-7。黑米色素在不同 pH 下染色柞蚕丝织物所呈现出来的颜色不同,黑米色素染色柞蚕丝织物在 pH 为 3 时,颜色呈棕红色,色深和色泽明显高于其他染色 pH 下的柞蚕丝织物。

表 3-7 不同染色 pH 下的染色样品图

染色 pH	3	5	原样	7	9
柞蚕丝织物					

图 3-9 中 K/S 值的变化情况也验证了这一点。在 pH 为 3 时,K/S 值相对最高。随着染色 pH 增加到 5,柞蚕丝织物呈红色。原样染色柞蚕丝织物呈灰棕色,pH 增加到 7 时,柞蚕丝织物呈灰色。pH 增加到 9 时,柞蚕丝织物呈淡黄色。图 3-9 中显示,随着 pH 的增加,K/S 值下降。

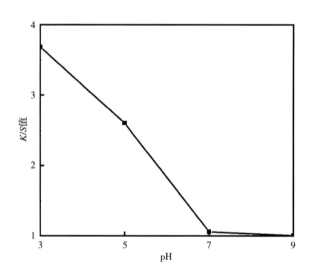

图 3-9 染色 pH 对 K/S 值的影响

本次染色的黑米来自同一产地的同一批次。即黑米色素本身的化学结构与成分一致,在相同浴比、染色时间、染色温度的条件下进行染色。表现出颜色差异,是由于不同 pH 促进染料结构产生可逆变化,使染料结构中的共轭体系发生变化。

同时,柞蚕丝织物是一种两性纤维。等电点在 4.3 左右,当染色 pH 低于等电点时,柞蚕丝织物上的氨基发生电离,纤维带正电。当染色 pH 在等电点附件时,柞蚕丝上部分氨基和羧基都发生电离。当染色 pH 大于等电点时,柞蚕丝上主要是羧基发生电离。主要过程如图 3-10 所示。

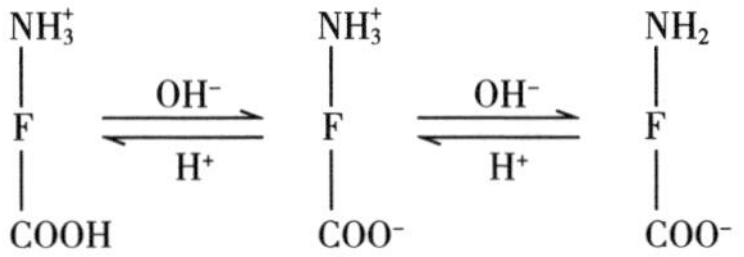

$$
\begin{array}{ccccc}
NH_3^+ & & NH_3^+ & & NH_2 \\
| & \xrightarrow{OH^-} & | & \xrightarrow{OH^-} & | \\
F & \xleftarrow{H^+} & F & \xleftarrow{H^+} & F \\
| & & | & & | \\
COOH & & COO^- & & COO^-
\end{array}
$$

图 3-10　不同酸碱条件下柞蚕丝所含基团的变化

柞蚕丝织物在不同 pH 下所带的电荷不同,与黑米色素的结合方式也不同。在酸性条件下,黑米色素分子结构主要以氧鎓离子(带正电荷)存在,黑米色素主要以范德瓦尔斯力和氢键形式与蚕丝上的氨基或者羧基相结合。在等电点以上的弱酸性条件下,黑米色素结构中的氧鎓离子与蚕丝纤维离解的部分羧基负离子还会以离子键形式结合。

因此,在不同 pH 下染色的柞蚕丝织物 K/S 值均有差异。在不考虑颜色差异因素,从染色深度和色泽等角度考虑,应选用 pH 为 3 时进行上染。

3.3.5　染色柞蚕丝织物的耐日晒色牢度

3.3.5.1　不同 pH 下耐日晒色牢度比较

在 pH 不同的染浴下上染的柞蚕丝织物,放入耐日晒牢度测试仪中测试。日晒处理 6h 后样品图见表 3-8。其中柞蚕丝织物耐日晒样品图中,a 部分为日晒牢度测试仪中遮住的部分,b 部分为日晒牢度测试仪中日晒 6h 的部分,对比 a、b 部分差异即可知日晒前后对染色柞蚕丝织物的影响。

表 3-8　不同染色 pH 下柞蚕丝织物耐日晒样品图

染色 pH	3	5	原液样	7	9
柞蚕丝织物耐日晒试样		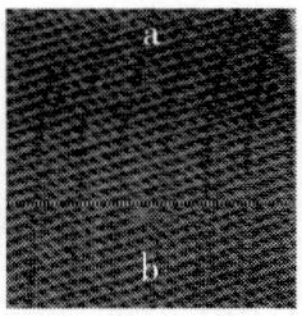	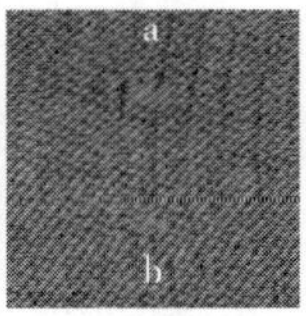	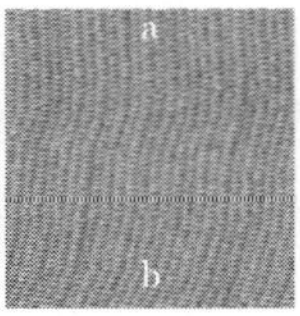	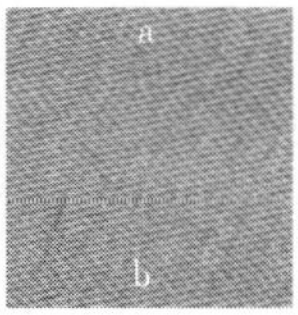

注　a—日晒牢度测试仪中遮住部分。

　　b—日晒牢度测试仪中日晒 6h 部分。

天然染料直接染色时,耐日晒牢度一般较差。如表 3-8 所示,在日晒牢度测试仪中遮住部分与在日晒牢度测试仪中日晒 6h 部分有明显的颜色差异。在染色 pH 为 3、5 和原液样条件下染色的柞蚕丝经日晒 6h 处理后,b 区域的颜色会明显相对 a 区域较浅。根据柞蚕丝染色原理,在不同染色 pH 下,染料分子与柞蚕丝纤维的结合方式是不同的。在染色 pH 为 3、5 和原液染色这类偏酸性的条件下进行染色时,黑米色素带负电,与柞蚕丝纤维以离子键形式结合,发生染座效应。此种结合为朗格缪尔型吸附。黑米花色素与柞蚕丝纤维之间有一定的亲和力,所得染色柞蚕丝织物染色更深。这也表现为图 3-9 染色 pH 对 K/S 值的影响图中,在染色 pH 为 3、5 时,染色 K/S 值相对较大。但对于柞蚕丝纤维来说,其结构中含有的反应性基团(—NH$_2$、—OH)较少,能够提供给酸性条件下带负电的黑米色素的染座数量较少,柞蚕丝纤维与黑米花色素的结合牢度有限。故在长时间的日晒牢度测试仪的日晒作用下,日晒部分与遮住部分表现出明显的色差。

表 3-8 中,染色 pH 为 3、5、原液样染色柞蚕丝织物的 b 部分,相对于染色 pH 为 7、9 时的 a 部分,染色深度和染色织物表现出来的色泽较优。即在染色 pH 为 3、5、原液样染色的柞蚕丝织物,其在日晒 6h 处理后表现出来的色深,色泽相对于染色 pH 为 7、9 的条件下染色完成未经日晒处理的柞蚕丝仍然较优。而且在染色 pH 为 7、9 时,染色完成后的柞蚕丝织物颜色较浅。这是因为黑米花色素染料与纤维以范德瓦尔斯力和氢键结合。柞蚕丝纤维分子中氨基酸上的疏水性部分与染料分子中相应部分形成范德瓦尔斯力结合,为弗莱因德利胥型吸附。染色 pH 为 7、9 时,a、b 部分未表现出明显的色差,适合染浅色。染色 pH 为 3、5、原液样时,适合染较深的颜色,但如果要考虑到耐日晒牢度需要采用其他方式改善。

3.3.5.2 不同染色温度下耐日晒牢度的比较

在温度不同的染浴下上染的柞蚕丝织物,放入日晒牢度测试仪中。在测试仪中日晒处理 6h 后样品图见表 3-9。如表 3-9 所示,在染色 pH 均为 3 时,在染色温度分别为 60℃、70℃、80℃、90℃时染色 60min 所得到的柞蚕丝织物耐日晒试样图。对比在不同染色温度下的柞蚕丝试样,各试样的 a 部分即未经日晒的部分在染色温度为 60℃时表现出来的色泽色深最好。

随着温度的升高,a 部分染色效果有明显变淡和变浅的趋势。这是因为水温的升高,破坏了黑米色素的结构和柞蚕丝纤维的结构。色素吸附在柞蚕丝纤维表面后难以与纤维交联为原有的颜色。同时,在高温的调节下会对柞蚕丝这类蛋白质纤维产生不可逆的损伤,破坏蛋白质纤维的结构,导致织物的颜色改变。对比在不同染色温度下的 a、b 部分,在染色温度为 60℃时,未染色 a 部分颜色较深,对比日晒 6h 后的 b 部分,表现出的颜色差异最大。即 a 部分未日晒呈红色,经过日晒

表 3-9　不同染色温度下柞蚕丝织物耐日晒样品图

染色温度/℃	60	70	80	90
柞蚕丝织物 耐日晒试样	a b	a b	a b	a b

注　a—日晒牢度测试仪中遮住部分。

　　b—日晒牢度测试仪中日晒 6h 部分。

6h 后表现出明显的黄棕色。表 3-9 中的不同温度下染色的样品图均在染色条件为 pH=3 的酸性条件下得到。在此种染浴下,柞蚕丝与黑米花色素之间为离子键结合,染色后的色深、色泽相对较好。但天然染料本身耐日晒牢度较差和柞蚕丝上的反应性基团较少,导致黑米色素上染柞蚕丝织物耐日晒牢度相对较差。60℃ 染色时,a 部分得色最深,故对比日晒 6h 后在 60℃ 下的 b 部分,表现出的色差最明显。而在染色温度为 70℃、80℃、90℃ 时,随着染色温度的升高,相较于在 60℃ 下进行染色时,柞蚕丝蛋白质纤维结构可能被破坏,导致在 70℃、80℃、90℃ 下染色的 a 部分颜色本身较浅,对比在各自温度下日晒 6h 后的 b 部分,表现出的色差没有在 60℃ 下染色试样明显。

故可以选择在染色温度为 80℃、90℃ 下染中浅色,染色完成后,在日晒测试仪中作用 6h 后褪色相对不明显。在 60℃ 染色时,适合染深色,但如果染色织物有日晒牢度要求则需要助剂或其他方式改善。

3.3.6　染色柞蚕丝织物的表观形貌分析

柞蚕丝染色前后表观形貌图像,见表 3-10。柞蚕丝织物的结构在染色后出现了明显的松弛现象。柞蚕丝纤维也出现明显的表层损伤现象,这一变化在 ×2500 的电镜扫描电镜中也有体现。可以观察到在 ×2500 电镜下的柞蚕丝,部分纤维出现了变细,有明显的裂缝现象。观察和触摸染色后的织物,可以明显感受纤维表面毛羽的增加。纤维磨损,织物耐久性降低,织物强度也会相对下降。这是由于柞蚕丝纤维是蛋白质纤维,染色温度 80℃ 会破坏柞蚕丝纤维的结构,在高温的作用下会对柞蚕丝这类蛋白质纤维产生不可逆的损伤,破坏蛋白质纤维的结构。同时相比于染色前的柞蚕丝织物,染色后的柞蚕丝织物电镜扫描照片表面的染料颗粒明显增多。

表3-10   柞蚕丝染色前后电镜扫描照片

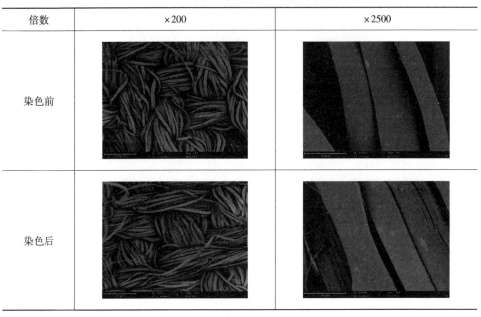

3.3.7   染色柞蚕丝织物皂洗前后的颜色变化

柞蚕丝在皂洗前后扫描照片见表3-11。在皂洗前后的各个染色 pH 下出现了较明显的变色现象。在染色 pH 为3时,柞蚕丝染色织物从皂洗前的红棕色变为皂洗后的黄棕色。在染色 pH 为5时,柞蚕丝染色织物从皂洗前的红色变为皂洗后的黑棕色。在染色 pH 为7时,柞蚕丝染色织物从皂洗前的灰色变为皂洗后的黄色。在染色 pH 为9时,柞蚕丝染色织物从皂洗前的淡黄色变为皂洗后的黄色。

表3-11   柞蚕丝皂洗前后扫描照片

pH	3	5	7	9
皂洗前				

续表

pH	3	5	7	9
皂洗后				

皂粉主要是由烷基苯磺酸钠加入适量的水玻璃、纯碱、磷酸盐等混合制得而成。从皂粉组成成分上来看,其溶于水中会呈碱性。参考前面染色 pH 对柞蚕丝染色的影响,黑米花色素在不同的酸碱条件下会呈现出不同的结构。黑米花色素吸附在柞蚕丝纤维表面后,经历弱碱性的皂洗会引起黑米色素结构的变化,特别是在酸性条件下染色的柞蚕丝织物。表现出与皂洗前不同的颜色。这也表现为染色 pH 为 3、5 时,皂洗前为偏红色系,皂洗后偏黄。而在染色 pH 为 7、9 时,柞蚕丝织物为偏黄色系。

3.3.8　染色柞蚕丝织物的抗紫外线性能

3.3.8.1　不同染色 pH 下柞蚕丝织物的抗紫外线性能

紫外线对人体的辐射会导致许多问题,比如使黑色素细胞产生更多黑色素,造成黑色斑点,诱发皮肤癌变。甚至引发 DNA 层面的伤害。因此,纺织品的抗紫外线性能成为评价功能性纺织品中一个十分重要的指标。探究染色前后对抗紫外线性能的影响和在不同染色条件下对抗紫外线性能的影响具有十分重要的意义。

图 3-11 绘制了经黑米花色素在不同 pH 下染色柞蚕丝织物和未经黑米花色素染色的柞蚕丝织物在不同波长下的透光率。在 250~30nm 时,未染的柞蚕丝织物和在不同染色 pH 下的柞蚕丝织物透光率相当,在 330~400nm 范围内的紫外线未染织物的透光率明显高于染色织物。说明在此紫外线波长范围内,经黑米花色素染色的柞蚕丝织物抗紫外线能力明显强于未染的柞蚕丝织物。对波长在 400nm 以上的可见光范围,未染柞蚕丝织物的透光率与染色柞蚕丝织物透光率之间的差值在不断增大。

对不同染色 pH 下的柞蚕丝织物对长波紫外线 UVA 和中波紫外线 UVB 的抗紫外作用,如图 3-12 所示。不同染色 pH 下的柞蚕丝织物对长波紫外线 UVA 的阻挡抵抗作用有较大差异。即在偏酸性的染色 pH 下的 UVA 值会明显小于偏碱性

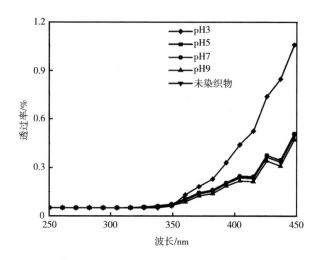

图 3-11　不同染色 pH 下柞蚕丝织物的透射率

下的 UVA 值。这是由于在酸性和碱性条件下染色时,黑米花色素与柞蚕丝纤维的结合机理有区别。根据柞蚕丝的染色机理,柞蚕丝是蛋白质纤维在染色 pH 不同时,其纤维带电情况不同。酸性条件下,柞蚕丝纤维带负电,与柞蚕丝纤维以离子键形式结合,发生染座效应。碱性条件下,柞蚕丝纤维带正电,染料与纤维以范德瓦尔斯力和氢键结合。柞蚕丝纤维分子中氨基酸上的疏水性部分与染料分子中相应部分形成范德瓦尔斯力结合。而不同染色 pH 下对 UVB 的阻挡抵抗作用没有较大差异,只有在染色 pH 偏中性条件时,柞蚕丝织物的 UVB 略高。

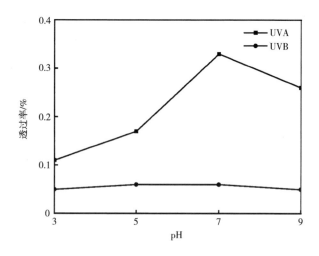

图 3-12　不同染色 pH 下的 UVA 和 UVB 值

3.3.8.2　不同染色时间下柞蚕丝织物的抗紫外线性能

如图 3-13 所示,对柞蚕丝织物在染色 pH 为 3,染色温度为 80℃ 时。分别染色 20min、40min、60min、80min 以及未染色织物样品在不同波长紫外线下的透光率。在 250～330nm 范围内的波长照射,未染色织物与在不同染色时间下的柞蚕丝织物的透光率相当。而在 330nm 以上,未染织物的透光率明显高于染色织物的透光率。即经黑米色素染色柞蚕丝织物的抗紫外线性能明显强于未染色的柞蚕丝织物。染色 20min 的柞蚕丝织物与染色 40min 的柞蚕丝织物在不同波长下的透光率相当。染色 60min 的柞蚕丝织物和染色 80min 的柞蚕丝织物透光率小于染色 20min 的柞蚕丝织物。这是由于染色时间相对较长时,有利于黑米花色素向柞蚕丝织物上聚集,织物表面较多的黑米花色素赋予织物更深的颜色,更大的 K/S 值。

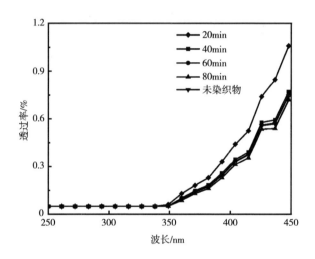

图 3-13　不同染色时间下柞蚕丝织物的透射率

染色 80min 时的透光率相对染色 60min 时的透光率较高,说明染色 60min 时的柞蚕丝织物的抗紫外线性能相对染色 80min 时的柞蚕丝织物较好。这是因为染色 60min 时,时间已足够让染浴中的黑米花色素扩散到柞蚕丝织物上,而过长的染色时间可能会使柞蚕丝这类蛋白质纤维发生变性,破坏了黑米色素的结构和柞蚕丝纤维的结构。

对不同染色时间下的柞蚕丝织物对长波紫外线 UVA 和中波紫外线 UVB 的抗紫外作用,如图 3-15 所示。对于不同染色时间下柞蚕丝织物对长波紫外线 UVA 的阻挡抵抗作用有较大差异。UVA 值随着染色时间的增大先降低在 60℃ 左右时达到最小值,随后随着染色时间的增加而不断升高。即柞蚕丝织物的抗长波紫外线的性能随着染色时间的增加先变强再减弱。这是由于在 20～60min,随着染色时间的增加,黑米花色素吸附在柞蚕丝织物上的数量增加,有助于柞蚕丝织物抗紫外线性能的提升。在染色60min左右时,染浴内的黑米花色素染料与柞蚕丝纤维上的黑米花色素染料基本达到动态平衡。延长染色时间,对黑米花色素与柞蚕丝纤维这类蛋白质纤维的结构会产生破坏,反内而会提高对长波紫外线的透光率,降低抗紫外线性能。

对比染色柞蚕丝织物对UVA(长波紫外线)和UVB(中波紫外线)的阻挡抵抗作用。在图3-14中,无论何种染色pH下对UVA的透光率明显高于对UVB的透光率。即对中波紫外线的防护效果会明显好于长波紫外线。综合考虑,可以选择染色60~80min为最佳染色时间,对长波紫外线UVA和中波紫外线UVB均有较好的防护效果。

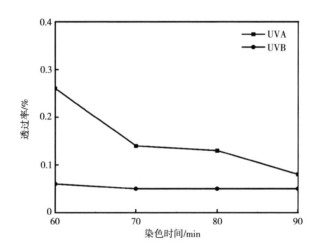

图3-14 不同染色时间下的UVA和UVB值

3.3.8.3 不同染色温度下柞蚕丝织物的抗紫外线性能

如图3-15所示,当柞蚕丝织物在染色pH为3,染色时间为60min时,分别在染色温度为60℃、70℃、80℃、90℃时以及未染色织物样品在不同波长紫外线下的透过率。在250~300nm范围内的波长照射,未染色织物与在不同染色温度下的柞蚕丝织物的透过率相当。在波长为300nm以上时,染色温度为60℃的柞蚕丝织物的透过率高于未染色织物。这可能是由于染色温度较低时,黑米花色素没有足够的能量向柞蚕丝纤维内部扩散,仅聚集在纤维表面引起的。观察柞蚕丝染色前后的表观形貌,蚕丝织物的结构在染色后出现了明显的松弛现象。在高倍数扫描电镜图像下柞蚕丝纤维也出现明显的表层损伤现象。部分纤维出现了变细,有明显的裂缝现象。观察和触摸染色后的织物,可以明显感受到纤维表面毛羽的增加。

纤维磨损,织物耐久性降低,织物强度也会相对下降。染色过程中柞蚕丝结构的变化也会使抗紫外性能降低。染色温度为70℃、80℃、90℃下的柞蚕丝织物的透过率低于未染色织物。且随着染色温度的升高,柞蚕丝染色织物的透过率有明显的降低。特别是在80℃和90℃下染色的柞蚕丝织物,在波长为350nm 后,透过率的差值平均在0.2% 左右。说明在染色温度为90℃时,柞蚕丝织物的抗紫外线性能相对于80℃下的染色织物和未染织物有很大提升。

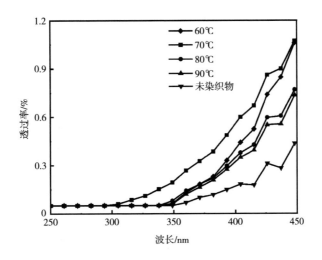

图 3 - 15　不同染色温度下柞蚕丝织物的透射率

　　对不同染色温度下的柞蚕丝织物对长波紫外线 UVA 和中波紫外线 UVB 的抗紫外作用。不同染色温度下柞蚕丝织物对长波紫外线 UVA 的阻挡抵抗作用有很大差异。UVA 的值随着染色温度的增加先减小,在染色温度为70 ~ 80℃时,趋于稳定。随着染色温度继续升高,UVA 的值继续减小,在90℃时达到最低。整体趋势是随着染色温度的升高,柞蚕丝织物对长波紫外线的透过率减小。

　　对比染色柞蚕丝织物对 UVA 和 UVB 的阻挡抵抗作用。无论何种染色温度下对 UVA 的透光率明显高于对 UVB 的透光率。即对中波紫外线的防护效果会明显好于长波紫外线。参考染色温度对柞蚕丝染色的影响,在60 ~ 80℃的染色温度条件下,柞蚕丝染色织物的 K/S 值随着染色温度的升高而增加。这与抗紫外线性能的趋势基本一致。而在染色温度为90℃时,抗紫外线性能相对更佳。但参考染色 K/S 值的下降值,抗长波紫外线提升值和能源利用角度考虑,仍然建议在80℃下进行染色。

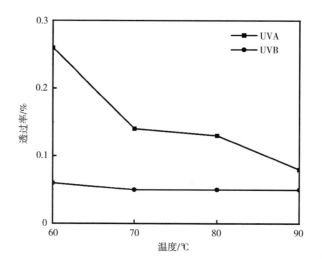

图 3-16 不同染色温度下的 UVA 和 UVB 值

3.4 小结

（1）pH 为 3、5 时，可见光区的最大吸光度波长分别为 505nm、493nm。pH 为 7、9 时，吸光度没有明显的波峰。

（2）从染色 K/S 值、织物色深、色泽角度分析黑米花色素通过直接染色法上染柞蚕丝织物的最佳染色工艺为染色时间 60min、染色温度 80℃、染色 pH 为 3。

（3）柞蚕丝织物染色后，电镜扫描下柞蚕丝织物有松弛和表层损伤现象。高倍电镜下柞蚕丝表面染料颗粒明显增多。

（4）柞蚕丝染色织物耐皂洗度不佳，染色 pH 为 3、5 时皂洗后易出现变色现象，染色 pH 为 7、9 时，皂洗后会有在相同色系下颜色加深的现象。

（5）柞蚕丝织物耐日晒牢度随染色 pH 不同有较大差异，染色 pH 为 3、5、原液染时，得色相对较深但日晒前后色差较大。染色 pH 为 7、9 染时，得色相对较浅但日晒前后色差不大。就耐日晒牢度的染色温度来说，在 80℃下染中浅色牢度相对较好。

（6）就抗紫外线性能来说，染色 pH 为 3~4 偏酸性、染色时间 60min、染色温度 90℃的染色条件下，对长波紫外线 UVA 和中波紫外线 UVB 均有较好的防护效果。在各种变量条件下柞蚕丝染色织物对 UVB 的抗紫外线性能好于 UVA。

参考文献

[1] 贾艳梅,刘治梅,路艳华,等. 黑米天然色素在柞蚕丝绸上的染色性能[J]. 印染助剂,2015,32(2):11－13.

[2] 刘帆,刘姝瑞,谭艳君,等. 天然织物染料的发展及应用[J]. 纺织科学与工程学报,2021,38(1):53－57.

[3] 陈玉梅,蔡再生,丁志用. 直接染料对熊蚕丝的染色性能[J]. 染料与染色,2009,46(6):12－13.

[4] 林杰,刘志梅,鲁孝俊,等. 壳聚糖在柞蚕丝活性染料染色中的作用[J]. 丝绸,2007(8):45－47.

[5] 陈玉梅,蔡再生,葛凤燕,等. 雄蚕丝酸性染料染色性能研究[J]. 丝绸,2009,(10):17－18.

[6] 宋孝浜,吴优,祁珍明,等. 磁性壳聚糖改性蚕丝织物吸附花青素的性能研究[J]. 上海纺织科技,2018,46(4):4－7.

[7] 万俊,李俊峰,姜会钰,等. 天然染料的应用现状及研究进展[J]. 纺织导报,2020(10):70－73.

[8] 李媛,李美真. 天然植物染料在柞蚕丝染色中的应用[J]. 天津纺织科技,2016(1):45－46.

[9] 周培剑,余志成. 黑米色素提取及其对真丝织物的染色[J]. 现代纺织技术,2012(3):5－9.

[10] 于志学,姜洪武,张月,等. 黑米提取液对桑蚕丝织物的染色性能研究[J]. 印染助剂,2019,36(1):46－48.

[11] 张福娣,苏金为,蔡碧琼. 黑米色素提取工艺及其性质表征[J]. 福建农业大学报,2006(1):93－97.

[12] 岳新霞,蒋芳,宁晚娥,等. 棉织物的抗紫外线整理研究[J]. 上海纺织科技,2015,43(11):73－73.

[13] 罗嘉. 柞蚕丝织造准备工艺分析[J]. 纺织科技进展,2008(5):62－67.

[14] 刘妙丽,李强林. 偶氮染料的禁用与环保型酸性染料的研究进展[J]. 西南民族大学学报(自然科学版),2007(3):554－557.

[15] 张福娣,苏金为,蔡碧琼. 黑米色素提取工艺及其性质表征[J]. 福建农业大学学报,2006(1):93－97.

[16] 贾艳梅,侯江波. 黑米色素的稳定性及其对羊毛织物的染色[J]. 毛纺科

技,2014,42(2):37 - 39.

[17]JIA Y,LIU B,CHENG D,et al. Dyeing Characteristics and Functionability of Tussah Silk Fabric with Oak Bark Extract[J]. Textile Research Journal, 2016:0040517516659378.

[18]何瑾馨. 染料化学[M]. 2 版. 北京:中国纺织出版社,2017.

[19]阎克路. 染整工艺与原理(上册)[M]. 2 版. 北京:中国纺织出版社,2019.

[20]赵涛. 染整工艺与原理(下册)[M]. 2 版. 北京:中国纺织出版社,2019.

第4章 黑米色素在丝胶接枝棉织物染色中的应用

4.1 概述

丝胶蛋白的主要来源是绢丝类昆虫,蚕的丝腺分泌,其鳞状粒片则不规则分布于丝素的外围,结茧时有润滑和胶黏作用,能黏合蚕丝成茧层。丝胶蛋白是丝胶的主要成分,丝胶具有良好的水溶性,是一种既能溶解于碱性,又能溶解于酸性溶液的具有两性性质的球状蛋白,等电点为3.8~4.5。

4.1.1 丝胶蛋白的组成与结构

桑蚕丝(bombyx mori silk)是由丝素与丝胶两种蛋白组分两部分构成。其中,桑蚕丝总量的约70%是丝素蛋白,呈线性结构,具有较好的机械性能,不仅可用于加工各种真丝类纤维制品,通过溶解后还可加工成多种再生材料,具有较广泛的应用前景。生丝中丝胶位于桑蚕丝的外层,占总量的20%~30%,丝胶由外及内具有分层结构,其中,丝胶蛋白的最内层部分接近丝素,其是由中间丝腺的后部细胞合成和分泌的,最外层部分由中间丝腺的前细胞合成和分泌,最外层的丝胶中极性氨基酸含量较多,较易溶解在热水或沸水中。

丝胶蛋白分子强极性侧基的氨基酸含量较多,如谷氨酸、丝氨酸和酪氨酸等,因此丝胶在水中较高的溶解度。到目前为止,已报道了三种丝胶蛋白基因,包括丝胶蛋白 I、丝胶蛋白 II 和丝胶蛋白 III。所述丝胶蛋白 I 的二级结构被预测为具有高含量的 β – 折叠结构,丝胶蛋白 II 预测具有低含量 β – 折叠结构,而丝胶蛋白 II 的重复序列不形成 β – 折叠结构。

4.1.2 丝胶蛋白在生物材料中的应用

据有关资料统计,2016 年全国生丝的年产量为 16 万左右,据此推算丝胶蛋白产量高达 3 万。在蚕丝脱胶处理过程中,丝胶一直被当作废弃物,这些废弃的丝胶在降解时要消耗大量的氧,严重污染环境。如果丝胶蛋白在研究中能得到很好的利用,不仅可以产生较高的经济效益,也可以减少对环境的威胁。

丝胶蛋白具有良好的生物相容性和生物降解性,通过和其他高分子物理共混、化学交联或生物酶催化反应,可加工成多种不同的再生丝胶基蛋白材料,包括再生蛋白纤维、丝胶基膜材料和水凝胶等。在生物医学领域,已有借助丝胶蛋白促进人皮肤角质形成细胞和成纤维细胞的黏附和增殖的报道,通过促进细胞增殖,加速伤口愈合,治疗烧伤或烫伤;Sapru 等使用人真皮成纤维细胞和角质形成细胞,在体外用非桑蚕丝胶蛋白和壳聚糖水凝胶制备双层皮肤构建体,有助于皮肤组织的修复,探索了新的仿生材料应用前景。此外,丝胶因含丰富的羧基等亲水性基团,在仿生矿化中能促进钙离子沉积,诱导磷灰石的异质成核;由于丝胶具有化学反应性和pH 响应性,可以制成纳米微粒和水凝胶等材料,从而改善了药物的生物活性,用于药物传递。丝胶在日化产品中也有应用,因为它可以用作保湿剂和紫外线吸收剂。由此可见,丝胶在生物材料加工和日用化学品领域存在较广泛的应用空间。

4.2 实验内容

4.2.1 实验材料及仪器

4.2.1.1 实验材料

黑米(五常市彩桥米业有限公司)、棉织物($51.7g/m^2$,$4.66tex \times 4.66tex$)。

4.2.1.2 实验主要药品、试剂及仪器设备

实验主要药品及试剂见表4-1。

表4-1 实验主要药品及试剂

药品及试剂	规格	生产厂家
丝胶蛋白	分析纯	国药集团化学试剂有限公司
冰醋酸	分析纯	国药集团化学试剂有限公司
氢氧化钠	分析纯	国药集团化学试剂有限公司
硫酸亚铁	分析纯	国药集团化学试剂有限公司
高碘酸钠	分析纯	国药集团化学试剂有限公司

实验主要仪器设备见表4-2。

表 4-2　实验主要仪器设备

仪器设备	型号	生产厂家
数显恒温水浴锅	HH-4	常州国华电器有限公司
电子天平	TP-A2OO	福州华志科学仪器有限公司
电热鼓风干燥箱	DHG-9030A	上海-恒科仪器股份有限公司
电子扫描仪	JSM-5600LV	上海科学仪器有限公司
红外光谱仪	Tensor 27	德国布鲁克 BRUKER
紫外透射率分析仪	UV-2000	广州理宝实验室检测仪器有限公司
测色配色仪	CM-3600A	东莞七彩仪器有限公司
小样机立式轧车	HB-B 型落地式	荟宝染整机械厂
紫外—可见分光光度计	SPECORD 210 PLUS	德国耶拿分析仪器股份有限公司

4.2.2　实验方法及步骤

4.2.2.1　黑米色素吸光度的测定

实验的第一步,进行黑米花色素的提取。色素染液的料液比为 1:30,在 60℃ 下水浴加热 60min,过滤后放至常温,取 10mL 染液测量吸光度。

4.2.2.2　酸碱性对黑米色素稳定性的影响

环境因素的不同可能引起花色素苷结构和性质的改变,如温度、pH、光照均可 能影响其后续染色的性能。

(1)用量筒量取 50mL 的染液 5 份,加入锥形瓶中,对烧杯编号 3、5、6、7、9,调 节溶液 pH 分别对应编号,振荡摇匀后观察溶液颜色变化。

(2)用量筒量取 50mL 的染液 5 份,加入锥形瓶中,水浴锅水浴加热到 20℃、 40℃、60℃、75℃、90℃。加热 60min,用紫外—可见分光光度剂测试吸光度。

4.2.2.3　棉织物改性工艺的确定

(1)棉织物的氧化。将棉织物裁剪成边长 5cm 的正方形,高碘酸钠 1g/L,浴比 1:50,温度 60℃,避光整理 30min。水洗后在 80℃下用电热鼓风干燥箱烘干。

(2)丝胶接枝。棉织物在经过氧化整理后,用丝胶 25g/L,调节溶液 pH=6,浴 比 1:50,于 60℃处理 60min 后,130℃焙烘,水洗,50℃烘干。

4.2.2.4　黑米色素染色方法的确定

(1)直接染色。用改性棉织物直接染色,将裁好大小的改性棉织物置于锥形 瓶中,分别改变染色时间、温度、pH,对织物进行染色,水洗、晾干。测定织物 K/S 值、织物防晒指数、织物形态、抗紫外性能。黑米花色素直接染色棉织物工艺曲线 如图 4-1 所示。

图 4-1 黑米花色素直接染色棉织物工艺曲线

（2）前媒法染色。先将媒染剂加入预先调配好的染液中，振荡锥形瓶。将织物投入锥形瓶中，分别改变染色时间、温度、pH 染色，晾干。测定织物 K/S 值、织物防晒指数、织物形态、抗紫外性能。黑米花色素前媒法染色棉织物工艺曲线如图 4-2 所示。

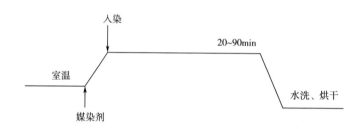

图 4-2 黑米花色素前媒法染色棉织物工艺曲线

4.2.2.5 染色工艺的优化

（1）染色时间对染色性能的影响。染料从溶液中转移到纤维表面和内部需要一定时间，而染色时间的长短又决定了纤维上染料分子的数量。前文中已经提到天然染料对于纤维的上染率很低，所以染色时间的长短影响纤维的上染率。将染液加入锥形瓶中浴比为 1:50，使用恒温振荡水浴锅水浴加热到 60℃，将棉织物织物染色，时间分别为 20min、40min、60min、70min、90min，到达时间后取出棉织物水洗烘干，测量锥形瓶中染色后剩余染液吸光度、染色织物的 K/S 值及 UPF 指数。

（2）染色温度对染色性能的影响。花色素苷对于温度变化很敏感，温度改变，色花苷分子结构就会发生相应的变化。所以，讨论织物染色温度也是分析黑米色素染色的试验方案。

将染液加入锥形瓶中浴比为 1:50，使用恒温振荡水浴锅水浴分别在 20℃、40℃、60℃、75℃、90℃下恒温水浴对棉织物进行染色，根据前文实验中得出的染色最佳时间对织物恒温染色，到达时间后取出棉织物水洗烘干，测量锥形瓶中染色后剩余染液吸光度、染色织物的 K/S 值及 UPF 指数。

（3）染色 pH 对染色性能的影响。不同的织物需要不同的酸性和碱性染色环境,天然染料也适合这种染色环境。这一部分实验是为了探究 pH 改变是否会影响染色效果,并且得出最佳的 pH,为后面的实验讨论统一变量因素。

将染液加入锥形瓶中浴比为 1∶50,使用乙酸溶液和氢氧化钠溶液调节染液 pH,使用恒温振荡水浴锅水浴加热到上文中得出的最佳温度,按得出的最佳染色时间进行染色,测试并得到相关数据。

(4)媒染剂对染色性能的影响。天然染料与纤维结合力很低,所以染色效果也会相应降低,如果加入金属离子可以有效地改善天然染料染色纤维的有关染色牢度。在前文中已经提到金属离子有自身特殊的物理性质,即大多数金属离子会在溶液中呈现不同的视觉颜色,在加入金属离子染色后,棉织物也会与原来的颜色有差别,为了实验结果便于统一,降低实验中出现的变量因素,在实验中使用硫酸亚铁作为媒染剂进行实验。

4.2.3　改性棉织物接枝牢度的测定

4.2.3.1　接枝率的测定

配制不同丝胶含量的溶液,分别为 1%、2%、3%、4%、5%,将高碘酸钠氧化之后的棉织物浸泡在丝胶溶液中,并用恒温振荡水浴锅水浴加热到 60℃,浴比 1∶50,恒温加热时间 60min,然后取出用小轧车压干。然后在电热鼓风干燥箱中 80℃条件下烘干,再在 130℃下烘干棉织物,时间为 40min。到达时间后,用水流清洗,再放入恒温干燥箱中于 50℃烘干。接枝率按下式计算:

$$接枝率 = \frac{W - W_0}{W_0} \times 100\% \tag{4-1}$$

式中:W——接枝前的棉织物质量;

　　　W_0——接枝丝胶蛋白后的棉织物质量。

4.2.3.2　接枝牢度的测定

对整理前后的棉织物放到电子天平上称重,恒温振荡水浴锅水浴加热到 60℃,浴比 1∶50,恒温加热时间 30min,完成这些步骤之后等时间到达 30min 取出棉织物,用水流清洗棉织物,然后在相同条件下烘干至重量不再变化,用同一台电子天平对棉布称质量。计算改性棉织物的增重率。

4.2.4　改性棉织物染色性能的测定

4.2.4.1　织物上染率的测定

上染率是判断染料通过分子间力和织物结合程度的重要参数。

(1)按实验方案将染液分别配制并加入相关助剂,分为两个染浴进行,放置到同一个恒温水浴振荡锅里。

（2）向其中一个装有染液的锥形瓶中加入染色的棉织物（染色残液），另一份染液选作基准溶液。

（3）将两只装有黑米色素染液的250mL锥形瓶放入恒温振荡水浴锅中，按照实验步骤进行操作，到规定的时间后取出两个染液瓶。

（4）染色完成之后，将锥形瓶中的染色剩余液倒入烧杯，然后加水稀释至500mL，使用50mL量筒取稀释后的染液20mL加入100mL容量瓶中，加入蒸馏水至100mL，用作等待测量的染色剩余液体。

（5）将锥形瓶中的基准液倒入烧杯，然后加水稀释至500mL，取5mL染液加入容量瓶，加水至100mL，用作等待测量的染色基准液体。

（6）使用紫外分光光度计测量其吸光度，上染百分率（$E\%$）按下式计算：

$$E\% = 100\% - X$$

$$X = \frac{B}{A \times n} \times 100\% \tag{4-2}$$

式中：X——染色残液中染料的质量分数；

A——基准染液的吸光度；

B——剩余残液的吸光度；

n——基准染液和剩余残液的浓度测试的倍数。

4.2.4.2 织物颜色特征值的测定

将棉织物对折两次，放置于测配色仪观测孔，测试染色棉织物的颜色特征值L、a、b、c、h、K/S值，每块试样测试3次，取平均值。

实验步骤如下：

（1）打开计算机测色配色仪，分别用标准黑和白板校正机器，选择需要的功能菜单。

（2）取需要测试的布样，将其两次对折，放置于样品测量孔上。

（3）对布样测试不少于三次，当误差结果小于0.3即可。

（4）确定后屏幕显示测量的结果，根据要求记录，并且对数据进行分析。

色深度值的计算：

$$\Delta E = (L_1 - L_0)^2 + (a_1 - a_0)^2 + (b_1 - b_0)^2 \tag{4-3}$$

式中：L_1——染色织物的明暗度；

L_0——未染色织物的明暗度；

a_1——染色织物的红绿色度；

a_0——未染色织物的红绿色度；

b_1——染色织物的黄蓝色度；

b_0——未染色织物的黄蓝色度。

K/S 值按下式计算：

$$K/S = \frac{K_i + \sum K_i C_i}{S_i + \sum S_i C_i} = \frac{(1 - R_\infty)^2}{2R_\infty} \qquad (4-4)$$

式中：R_∞ 为有色试样趋于无限厚时的反射率，也可以用 R 表示，此时 R 为光没有投射时的反射率；K，S 分别为有色物质的吸收系数和散射系数。K/S 值可通过分光光度计或者计算机测色配色仪测得，测试时需多点测量后取平均值，K/S 值越大，代表织物表面的颜色越深。

4.2.4.3　表观形貌测定

（1）装布样。将制作完成的样品（5mm×5mm）用实验室专用镊子将待测样品放入样品杯中，然后放入机器测量区域。

（2）观察。缓慢调节电子显微镜，找到样本。调节灯光亮度、对比度，观察倍数由低倍到高倍顺次调节，一直到眼睛能够观察到最清晰的图像为止。

（3）取图。分别在不同的分辨率下截取电镜扫描之后的图像。

（4）测量结束后取出试样。对比不同条件下的图像，然后讨论。

4.2.4.4　抗紫外测定

紫外线是太阳光的重要组成成分，UVA 和 UVB 会对人体造成不同程度的灼伤，更严重的会造成皮肤癌等疾病。

使用织物防晒指数分析仪，参照 GB/T 18830—2009《纺织品　防紫外性能的评定》，测得的 UPF 数值与表中数值比较大小，判断染色条件对织物防晒处理的影响。

UPF 值及防护效果的评价见表 4-3。

表 4-3　UPF 标准

UPF 值	15~24	25~39	40~50,50$^+$
防护分类	较好的防护	非常好的防护	非常优异的防护

4.3　实验结果与讨论

4.3.1　黑米色素的性质

4.3.1.1　关于黑米色素吸光度的研究

由图 4-3 可知，在紫外可见光波段内 500nm 左右黑米色素有一个明显的吸收峰。根据其他文献研究了解，花色素苷类色素在 260~270nm，500~520nm 这两个波段有两个明显的波峰,本次实验只讨论可见光范围内的最大吸收波长(510nm 左右),证明黑米色素属于花色素苷。同时,由于在紫外波段内黑米花色素苷有吸收峰,紫外整理剂可以使用黑米色素来充当。

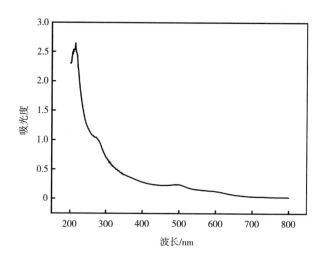

图 4-3　黑米色素的吸收波长

由图 4-3 可知,在紫外可见光波段内 214nm 波段黑米色素有一个明显的吸收峰,证明黑米色素属于花色素苷。同时,由于在紫外波段内黑米花色素苷有吸收峰,紫外整理剂可以使用黑米色素来充当。

4.3.1.2　温度和 pH 对色素结构的影响

影响黑花色素稳定性的因素有酸碱性、温度、光照、紫外线、还原剂、金属离子等。

在酸性环境和温度高于 80℃ 时,黑米色素的染色稳定性变差;黑米色素在常规室外环境下对紫外线不敏感;氧化剂和还原剂、防腐剂也会对黑米色素稳定性产生影响,Na^+、K^+、Mg^{2+} 和碳水化合物对于黑米色素化学稳定性影响不显著。

温度和加热时间会影响对染料的稳定性。使用乙醇提取的黑米色素吸光度随温度的降低而明显升高,升温对黑米色素有一定的脱色作用,并且随着温度的升高,这种脱色作用更加明显。在相同温度下,随着加热时间的延长,水提色素吸光度值降低。这与以下事实有关,温度低时,水提色素组分结构更稳定;但是当温度太高时,黑米色素的结构会被破坏。

黑色素在不同的酸碱性下颜色不同。pH = 5 时,容器中色素溶液为鲜艳的亮红色。pH = 1 时,溶液颜色为深红色;pH = 6 时,溶液颜色非常浅;当 pH > 7,溶液呈现蓝色,花色苷由红色的吡喃阳离子水解为无色的查耳酮或蓝色醌酮。因次,黑米色素在酸性介质中呈现稳定的鲜红色,当溶液介质中 H⁺ 减少时,颜色从红色转变为蓝色。因此,为了提高黑米色素在环境中的稳定性,应将黑米色素尽可能置于酸性环境中。相对应的在不同的酸碱环境中,棉织物染色后所呈现颜色也各有不同,通过对比可知在酸性条件下,织物有较高的上染率。

4.3.2　棉织物整理过程中丝胶接枝改性的机理

蛋白质纤维在天然染料染色中上染率较高。所以要提高其他类型纤维的上染率就要对其织物进行阳离子改性,使用改性剂使纤维带有正电荷,这样做的目的是为了减小纤维与染料分子之间的电荷斥力。这次实验使用的是高碘酸钠氧化棉织物,使棉织物被氧化成双醛基纤维素纤维,然后用丝胶蛋白和氧化后的棉织物反应,提高天然染料对棉织物的亲和力,进而提高上染率。

仲羟基的选择性氧化:纤维素纤维分子中 2 位和 3 位仲羟基的氧化主要是通过高碘酸及其盐实现,最终 2 位和 3 位间的碳—碳键断裂,制备得到二醛纤维素。高碘酸及其盐氧化纤维素的机理为高碘酸根进攻纤维素分子中葡萄糖结构单元中 2 位和 3 位的邻位羟基,形成平面的环酯,最后转变为醛基。该反应的原理如图 4-4 所示。

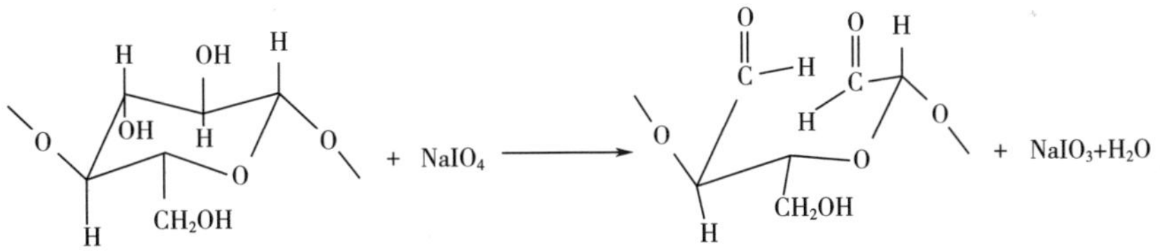

图 4-4　高碘酸钠选择性氧化纤维素反应式

4.3.3　棉织物的表观形貌分析

实验材料:没有经过丝胶蛋白处理的棉织物、经过丝胶蛋白处理的棉织物。

实验仪器:扫描电镜。

实验方法:剪切 5mm×5mm 左右的待测样品,放入实验平台。

为了判断丝胶蛋白是否与棉织物发生交联反应,所以采用电子显微镜对在不同放大倍数观测整理前后的织物形态,不同放大倍数下的棉织物 SEM 照片如图 4-5 所示。

由图 4-5 可以看出,两次观察的图像有很明显的不同。由图 4-5 中(A_1)、

$(A_1) \times 200$　　　　$(A_2) \times 1000$　　　　$(A_3) \times 2500$　　　　$(A_4) \times 5000$

$(B_1) \times 200$　　　　$(B_2) \times 1000$　　　　$(B_3) \times 2500$　　　　$(B_4) \times 5000$

图 4 – 5　棉织物的 SEM 照片

(A_2)、(A_3)、(A_4)可以看出,A 组图像的棉纤维电镜照片表面光滑,纤维表面没有太多的吸附物;由(B_3)、(B_4)可知,经丝胶蛋白整理后棉布纤维表面吸附有大量附着物,与棉纤维紧密结合。由此可以推断,丝胶蛋白用于棉纤维改性处理,在高温焙烘条件下丝胶蛋白与棉布纤维发生了有效的交联反应,说明经轧烘焙工艺,丝胶蛋白能成功地将氨基酸交联到棉织物上。

4.3.4　棉织物的红外光谱分析

实验材料:未处理的原棉织物、经丝胶接枝的棉织物。

实验器械:傅里叶红外光谱仪。

实验前准备:在测试之前将试样烘干。

实验条件:测试范围 $400 \sim 4000\text{cm}^{-1}$。

红外光谱图如图 4 – 6 所示。查阅文献资料并结合图 4 – 6 可知,丝胶蛋白的加入并没有改变改性棉织物的棉纤维形态结构。丝胶蛋白接枝棉织物的特征峰与原棉布的特征峰位置基本一致,只是在特征峰处的强度有所不同。由丝胶棉的红外谱线可知,经过丝胶接枝后在 1614.4cm^{-1} 处出现 C═N 伸缩振动吸收峰,表明丝胶蛋白的氨基和纤维上的醛基发生亲核加成反应,说明丝胶蛋白的加入以及相关的实验步骤并没有改变棉织物的形态结构,丝胶蛋白通过分子间力与棉织物结合。

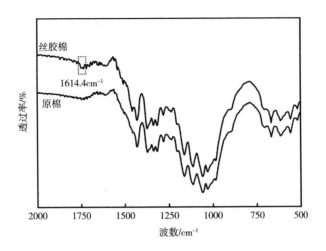

图 4 – 6　棉织物红外光谱样品图

4.3.5　棉织物的增重率

实验材料:未处理的棉织物、经丝胶接枝棉织物。

实验仪器:DHG – 9030A 电热鼓风干燥箱、TP – A200 型电子天平。

实验方法:取一块改性整理前后的棉织物,放置到 100℃ 电热鼓风干燥箱中烘干,取出,冷却后在 10s 内称取两种织物的重量并记录质量。根据式(4 – 5)计算增重率。

$$增重率 = \frac{W_2 - W_1}{W_1} \times 100\% \qquad (4 – 5)$$

式中:W_1 和 W_2 分别为丝胶蛋白接枝前后棉织物烘干到重量不变的质量。

两种棉织物的增重率见表 4 – 4。

表 4 – 4　两种棉织物增重率

样品	未处理的棉织物	经丝胶接枝棉织物
增重率/%	0	0.42

由表 4 – 4 可知,棉织物在丝胶蛋白接枝处理后增重率会增大,说明丝胶蛋白成功接枝到了棉织物上。

4.3.6　黑米色素染色丝胶接枝改性棉织物

利用丝胶蛋白对棉织物阳离子改性之后,再用黑米花色素对改性棉织物进行染色。本实验探讨的是染色工艺对染色棉织物 K/S 值的影响。

由于对于每一块棉织物的改性测量条件是无法控制的因素,棉织物氧化以及丝胶接枝的成功与否,对后续的染色有较大的影响,这是在实验中难以控制的变量因素,暂且将这一不可控因素忽略。因为所有棉织物改性条件相同,可以将其当作统一变量。为保证后续实验顺利进行,控制相应变量与后面的染色因素相关联的实验。在色素的提取过程中,在60℃恒温条件下用蒸馏水浸泡黑米,4h 之后过滤去除残渣当作染液进行相关后续实验。在提取环境不变的条件下,使用在相同提取工艺条件下的染液继续操作后续实验。

4.3.6.1 浴比对棉织物染色的影响

浴比是对染液中色素含量的表征。原则上,染料溶液中色素含量越多,溶剂用量越大,且如果染料与织物表面的接触范围较大,染色效果就越好。当染料溶液中的染料分子含量达到一定水平时,与纤维的附着力达到饱和值,织物的颜色也不会发生变化。

测定经过染色的棉织物的 K/S 值,测试后根据数据可以比较得出染液浴比为1∶50 时,棉织物的上染效果良好,颜色较其他织物颜色深。

4.3.6.2 染色时间对染色的影响

由图4-7可知,丝胶接枝棉织物染色深度随染色时间的延长而增加,织物 K/S 值在染色时长达到 60min 时达到峰值,表明黑米色素与改性棉织物之间具有较好的亲和力。在染色最初阶段,染料还未进入纤维内部,伴随染色时间逐渐延长,纤维也逐渐进入纤维内部,最终纤维上的染料分子达到饱和,染料上染速率开始减缓,外在表现为织物表面颜色不再加深。因此将染色时间选定在 60min 为本次实验的最好染色时长,最终的染色效果达到最优,相应的时间成本也降低了。

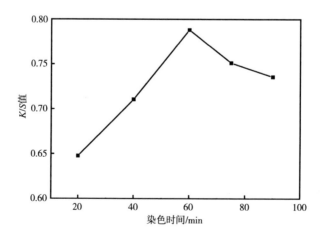

图4-7 染色时间对 K/S 值的影响

表 4-5 中, L 表示的是明度值, L 值越大, 代表棉织物的明度越高, L 值表示选择顺序应该为 $Y_2 > Y_5 > Y_4 > Y_1 > Y_3$; a 值表示红色, 数值越大, 表示棉织物颜色越偏红, 根据 a 值选择顺序应该为 $Y_4 > Y_5 > Y_2 > Y_1 > Y_3$; c 值表示彩色值大小, 数值越大表明颜色越纯, 根据 c 值选择顺序应该为 $Y_1 > Y_4 > Y_2 > Y_5 > Y_3$; 根据 K/S 值选择顺序应该为 $Y_3 > Y_4 > Y_5 > Y_2 > Y_1$。

表 4-5　染色棉织物染色时间变化的颜色特征值和 K/S 值

标号	染色时间/min	L	a	c	K/S
Y_1	20	64.29	4.99	7.59	0.6477
Y_2	40	67.09	5.41	6.75	0.7107
Y_3	60	63.47	4.86	5.87	0.7881
Y_4	75	64.75	6.97	7.41	0.7512
Y_5	90	65.85	5.93	5.96	0.7357

4.3.6.3　温度对染色的影响

染料在对织物染色过程中同时有上染和解吸两个过程: 当染色温度处于低温时, 继续升高温度对染料在纤维扩散起到正面的影响, K/S 值随之升高。20℃、40℃、60℃、75℃、90℃ 恒温水浴对丝胶接枝棉织物染色的 K/S 值影响如图 4-8 所示。60℃ 时, 纤维染色后的 K/S 值较高。一方面, 随着温度的提高有利于提高黑米色素的溶解度, 避免发生聚集; 另一方面, 从动力学角度来讲, 高温可以加速黑米色素在棉纤维上的吸附与扩散。当在规定的染色时间内, 染色温度超过 60℃ 后, 温度的提高可能更加有利于黑米色素的解吸, 因此造成 K/S 值降低。

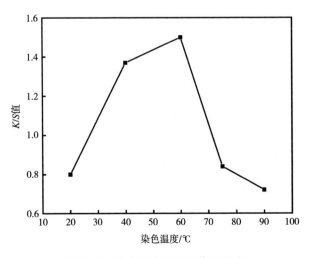

图 4-8　染色温度对 K/S 值的影响

由表4-6可知,根据 L 值表示的选择顺序应该为: $R_5 > R_1 > R_4 > R_2 > R_3$;根据 a 值选择顺序应该为 $R_3 > R_5 > R_4 > R_2 > R_1$;根据 c 值选择顺序应该为 $R_3 > R_5 > R_4 > R_2 > R_1$;根据 K/S 值选择顺序应该为 $R_3 > R_2 > R_4 > R_1 > R_5$。

表4-6　黑米色素染色温度变化的颜色特征值和 K/S 值

标号	染色温度/℃	L	a	c	K/S
R_1	20	61.96	2.40	2.96	0.8024
R_2	40	55.01	3.46	3.89	1.3596
R_3	60	53.79	7.20	7.20	1.525
R_4	75	61.43	3.54	4.39	0.8421
R_5	90	62.96	5.86	7.08	0.7729

4.3.6.4　pH 对染色的影响

图4-9是花色苷在酸性、中性及碱性溶液中的结构变化,黑米色素本身会由于产地不同等原因而导致化学结构及成分不同,取代羟基及其与糖成苷的位置和数目不同,颜色也会有差异。

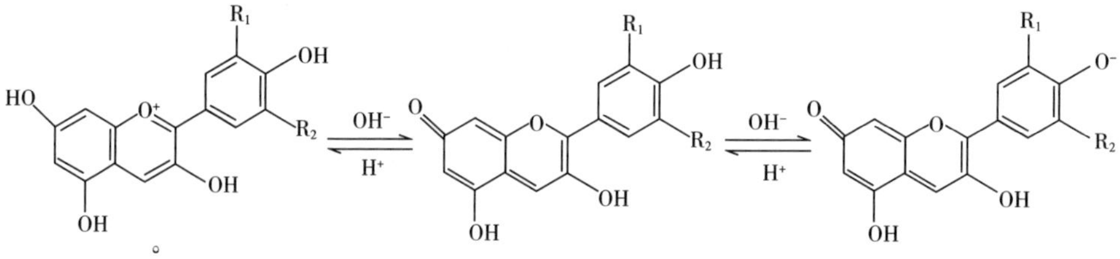

图4-9　花色苷结构变化

不同 pH 条件下染色丝胶接枝棉织物样品如图4-10所示,pH 对染色 K/S 值影响结果如图4-11所示,染液 pH 较小时,染色 K/S 值数值较大,丝胶上带正电的氨基数目较多,有利于染液中染料分子吸附。pH 较大时,丝胶带负电荷的数量较多,和染料间形成的静电斥力较大,不利于染料的吸附,使染色 K/S 值有所下降。但 pH 较小时,对棉纤维的损伤较大,而且色泽为橙色。综合考虑,pH 为5时染色较合适。

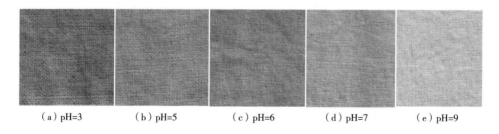

（a）pH=3　　（b）pH=5　　（c）pH=6　　（d）pH=7　　（e）pH=9

图4-10　不同酸碱度下染色样品图

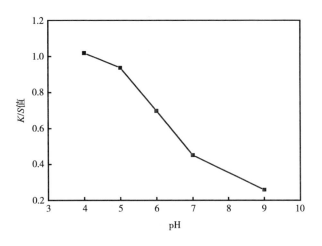

图 4-11　pH 对染色 K/S 值的影响

如表 4-7 所示,根据 L 值表示的选择顺序应该为 $X_5 > X_4 > X_3 > X_2 > X_1$;根据 a 值选择顺序应该为 $X_1 > X_3 = X_5 > X_2 > X_4$;根据 c 值选择顺序应该为 $X_1 > X_5 > X_3 > X_2 > X_4$;根据 K/S 值选择顺序应该为 $X_1 > X_2 > X_3 > X_4 > X_5$。

表 4-7　黑米色素染色 pH 变化的颜色特征值和 K/S 值

标号	染色 pH	L	a	c	K/S
X_1	4	59.55	7.50	8.14	1.0190
X_2	5	60.37	5.73	6.27	0.9368
X_3	6	64.64	6.50	6.59	0.6984
X_4	7	70.16	4.47	4.67	0.4515
X_5	9	78.17	6.50	7.32	0.2597

4.3.6.5　媒染剂对染色的影响

以硫酸亚铁作为媒染剂,用前媒法用于改性棉织物染色,用冰醋酸(乙酸)调节染色环境,改变硫酸亚铁质量浓度,K/S 值如图 4-12 所示。由图 4-12 可知,将硫酸亚铁加入染液中明显看到 K/S 值比没有加入媒染剂时 K/S 值要高,这是由于将媒染剂加入染液中后,染料与织物的静点斥力被降低,使更多染料分子能够吸附到纤维上去。从图 4-12 可以看出,当硫酸亚铁浓度达到 1.5g/L,K/S 值为 2.8,再增加媒染剂浓度,K/S 值反而降低了,因此选择在浓度为 1.5g/L 时作为媒染剂的最佳染色 K/S 值。

硫酸亚铁的质量浓度为 1.5g/L 时,温度为 60℃,改变染色 pH 时样品如图 4-13 所示。观察染色棉织物颜色发现,硫酸亚铁在媒染剂条件下,改变酸碱染色环境从

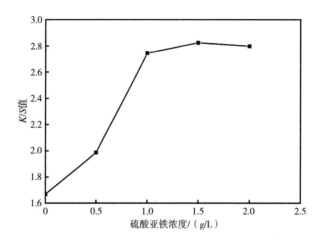

图 4－12　硫酸亚铁质量浓度对 K/S 值的影响

酸性到碱性过程中丝胶接枝棉织物的颜色随 pH 改变而变浅,改性棉织物从深蓝色变成棕色。

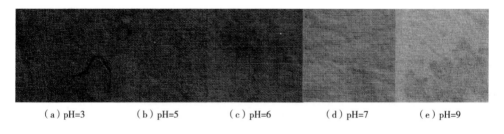

（a）pH=3　　　（b）pH=5　　　（c）pH=6　　　（d）pH=7　　　（e）pH=9

图 4－13　不同 pH 下硫酸亚铁媒染色样品图

4.3.7　改性棉织物染色后的性能分析

4.3.7.1　不同 pH 下硫酸亚铁染色织物抗紫外指数的影响

由图 4－14 所示,染色 pH 为 7 的棉织物的长波和中波透过率最高,分别为 2.75% 和 2.4%,屏蔽效果相较于其他染色 pH 的透过率高,但是,在所有染色 pH 中总体的透过率都小于 5%;从 UPF 的柱状图可以看出 UPF 值在 pH 为 3 时抗紫外效果最好,且紫外防护指数最高可达 81.08,表明用丝胶蛋白接枝的棉织物媒染染色后能够提高织物抗紫外能力。

4.3.7.2　媒染染色和直接染色下 pH 对棉织物抗紫外性能的影响

如图 4－15 所示,未经处理的棉织物的 UPF 值为 13.49,棉织物经过黑米色素染色后,棉织物的抗紫外指数显著提高,表明天然染料黑米色素显著提高织物的抗

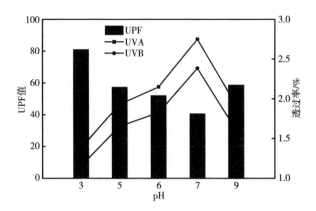

图 4-14　染色时间对 UPF、UVA、UVB 透过率的影响

紫外能力。不同的染色条件下,所表现出的 UPF 值也有很大差异,媒染染色的织物抗紫外指数明显高于直接染色织物的抗紫外指数。两种染色方式下,织物的抗紫外指数都呈现出先随 pH 的增大先降低后增加的趋势。

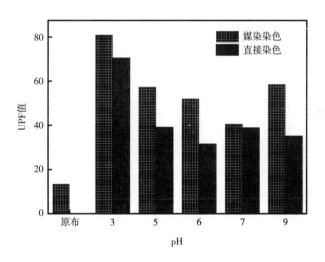

图 4-15　不同染色条件染色 pH 对织物抗紫外指数的影响

4.4　小结

(1)利用黑米色素提取的天然花色素苷染料对棉织物进行染色。红外光谱分析测试结果表明,丝胶蛋白对棉纤维素的改性效果良好。

（2）用丝胶蛋白对棉织物进行改性,提高了染色棉织物的 K/S 值和染色牢度。红色是用黑米提取物染色的棉织物的色度。

（3）黑米花色素耐酸不耐碱,在高温染色条件下容易变色分解。所以在对丝胶接枝棉织物染色时要在酸性环境中染色。

（4）最佳染色条件为温度 60℃,染色时间 60min,pH 为 5,硫酸亚铁做媒染剂染色用量为 1.5g/L。

（5）选择硫酸亚铁作为媒染剂,染色方法为预媒染色法时,染色棉织物的 K/S 值比直接染色的 K/S 值高。

（6）黑米色素有吸收紫外线的能力,可以将黑米花色素用于织物抗紫外性能研究。

参考文献

[1]冯春.大黄染料的稳定性、染色机理及抗紫外性能研究[D].武汉:武汉纺织大学,2018.

[2]程桐怀.茶梗提取物对天然纤维的染色及功能改性[D].苏州:苏州大学,2020.

[3]刘红丹.天然染料的间歇性染色[D].上海:东华大学,2012.

[4]胡乃杰.天然染料的应用及研究进展[J].山东纺织科技,2007(5):44-46.

[5]Stepanova A V,Kotina E L,Tilney P M,et al. Leaf and stem anatomy of honey bush tea (Cyclopia species,Fabaceae)[J]. South African Journal of Botany,2012,82:123-128.

[6]唐秀琴.靛蓝及茜草植物染料在涤纶纤维染色中的应用研究[D].武汉:武汉纺织大学,2020.

[7]宋墩墩.改性天然染料对锦纶的染色性能[D].苏州:苏州大学,2010.

[8]林楠,左保齐.丝胶结构及其改性材料研究进展[J].丝绸,2020,57(10):34-32.

[9]卓小玲.丝胶改性在天然乳胶/聚氨酯多层膜制备中的应用[J].化工管理,2020(11):32-34.

[10]Subhas C Kundu,Biraja C Dash,Rupesh Dash,et al. Natural protective glue protein,sericin bioengineered by silkworms:Potential for biomedical and bio-technological applications [J]. Progress in Polymer Science, 2008, 33

（10）:16.

[11]Fiorenzo G,Omenetto,David L Kaplan. New Opportunities for an Ancient Material[J]. Science,2010,329(5991):528 – 531.

[12]Yali Wei,Dan Sun,Honggen Yi,et al. Preparation and characterization of PEGDE crosslinked silk fibroin film[J]. Journal of Wuhan University of Technology – Mater. Sci. Ed. ,2014,29(5):1083 – 1089.

[13]夏晓梅,曾小琴,黄迪,等. 丙酮—甲醇共沸物萃取精馏工艺模拟研究[J]. 云南化工,2018,45(6):37 – 39.

[14]张福娣,苏金为,蔡碧琼,等. 黑米色素提取工艺及其性质表征[J]. 福建农业大学学报,2006(1):93 – 97.

[15]张书瑜,杨锐铠,刘榛,等. 黑米黑色素的稳定性研究[J]. 云南大学学报（自然科学版）,2019,41(S1):72 – 75.

[16]尚进,江波,周先容,等. 响应面法优化铁观音茶梗中茶多糖提取工艺[J]. 基因组学与应用生物学,2017,36(11):4811 – 4817.

[17]曹阳,吕春绪,蔡春,等. 现代量子化学在染料工业中的应用——量子化学对染料分子结构、性质和反应的研究[J]. 染料工业,2002(2):29 – 31,9.

[18]赵金鸽. 家蚕茧层醇溶物的活性成份及抑制 UVB/DMBA 诱导的小鼠皮肤损伤和肿瘤发生[D]. 苏州:苏州大学,2015.

[19]付娟娟. 紫胶红色素的紫外防护性能及其在真丝上的应用[D]. 苏州:苏州大学,2008.

[20]李珂,侯礼文,王少飞,等. 壳聚糖改性棉针织物的橘皮色素媒染染色[J]. 印染,2018,44(8):1 – 7.

[21]刘莹. 植物提取物用于棉织物染色及其性能研究[D]. 青岛:青岛大学,2019.

[22]何洋,卞会成,王春梅,等. TiO₂/SiO₂复合溶胶在棉针织物荧光涂料染色中的应用[J]. 南通大学学报（自然科学版）,2017,16(4):75 – 81.

[23]曹利慧. 黑米色素稳定性研究[J]. 安徽化工,2019,45(5):66 – 69.

[24]贾艳梅,侯江波. 黑米色素的稳定性及其对羊毛织物的染色[J]. 毛纺科技,2014,42(2):36 – 40.

[25]乐志文,凌新龙,李凌霄,等. 氧化纤维素的研究现状及发展趋势[J]. 成都纺织高等专科学校学报,2016,33(3):125 – 135.

第5章　黑米色素在壳聚糖改性棉织物超声波染色中的应用

5.1　概述

5.1.1　壳聚糖

壳聚糖外观上是一种类白色的半透明固体,并且拥有如同珍珠一般的光泽,无毒性、无特殊气味。

壳聚糖作为一种少见的纯天然高分子材料,携带正电荷,是目前为止人们在大自然中发现的化学物质。壳聚糖是一种必不可少的物质,同时在自然界中的含量很高,因此又被称为"第六重要生命素"。因为壳聚糖是碱性的多糖,来源极为广泛,具有极大的发展潜力,并且价格比较低,因此人们已经对壳聚糖产生了极大的关注。而且壳聚糖对于环境而言是一种友好型化学物质。

壳聚糖,属于阳离子电解质的一种,在水中的溶解度较低,但是能够溶解于弱酸中,如乙酸。壳聚糖是一种能够从大自然中获取的天然物质,对人体无毒无害,也不会造成自然环境的污染,壳聚糖在许多领域都有应用,比如在食品制造领域可以用作果汁的絮凝剂;在医用方面也有许多应用。在纺织品功能整理领域中,壳聚糖可以用作织物改性剂,提高织物部分染色性能。

5.1.2　超声波染色

5.1.2.1　超声波染色的优点

频率处于 $2 \times 10^6 \sim 2 \times 10^9$ Hz 范围内的声波通常称为超声波。超声波作为一种有效的湿法纺织品的物理加工方法的优点是显而易见的。近几年来,天然植物染料染色过程中对超声波的应用和研究增多。在纺织品的染色和整理中使用超声波可以改善各种染色和整理过程,如漂白、染色、后整理等。将超声波使用在纺织品的染整与加工,将会有利于推动棉等一系列纺织产品的进一步开发,提高棉纺织产品的档次。将超声波技术应用于织物染色有以下作用:

（1）染料聚集体在超声波下会发生解聚，因此超声波还可以提高染料在染液中的溶解度。提高染料在染液中的分散程度，同时染料分子可以获得更多的能量，这就会使纤维吸附更多的染料分子。

（2）利用超声波的空化效应可以大幅减少纤维内的空气，这样一来，会有更多染料与纤维发生接触，有利于更多的染料分子上染纤维。这一作用对于染色厚织物十分有意义。

（3）超声波可以穿透纤维表面的绝缘层，将更有利于染料分子从染液向纤维扩散。比起常规的染色技术，使用超声波进行染色已经显示出可改善染料的扩散系数，并且使染料的活化能可以显著降低。

5.1.2.2　超声波染色技术应用于棉织物染色

使用超声波对棉织物进行染色可以使纤维对染料分子具有更高的亲和力，并提高棉纤维对染料的吸收率。这意味着染色的织物将具有更深的颜色，这可以减少染色过程中助剂的量，因此使用超声波进行染色可以显著减少染料残留物对环境的污染。

5.1.2.3　超声波染色技术的应用前景

与工业上目前使用的染色方法相比，超声波可以降低染色的热能，大幅减少了染色所需时间，生产效率得到显著提高，并且减少了染色的过程中所产生的环境污染。大多数超声波染色是在低温下进行的，这样一来，纤维就可以避免在高温下受到损伤，产品的质量就能够得到提升。如果将超声波用于染整加工的领域，目前还存在有成本高、设备昂贵等问题，所以超声波还未在染整加工领域有太多应用。但是，人们已经在这方面进行了一定的探索，并且从减少环境污染和开发高质量产品的角度来看，将超声波应用在染整领域具有极其广阔的应用前景与发展前途。

5.2　实验内容

5.2.1　实验材料及仪器

5.2.1.1　实验材料

黑米（五常市彩桥米业有限公司）、棉织物（51.7g/m²，4.66tex×4.66tex）。

5.2.1.2　实验药品、试剂及仪器设备

实验主要药品及试剂见表5-1。

表 5-1　实验主要药品及试剂

药品及试剂名称	规格	生产厂家
壳聚糖	CP	国药集团化学试剂有限公司
次亚磷酸钠	AR	国药集团化学试剂有限公司
冰醋酸	AR	国药集团化学试剂有限公司

实验主要仪器设备见表 5-2。

表 5-2　实验主要仪器设备

仪器设备	型号	生产厂家
电子天平	TP-A200	福州华志科学仪器有限公司
Datacolor 色差仪	600	广州艾比锡科技有限公司
电子扫描仪	PW-100-012	PHENOMWORLD
烘箱	DHG-9030A	上海恒科仪器有限公司
振荡水浴锅	HH-4	常州国华电器有限公司
超声波清洗机	031S	深圳华策科技有限公司
防晒指数分析仪	UV2000	美国蓝菲光学有限公司
小样机立式轧车	HB-B 型落地式	荟宝染整机械厂

5.2.2　实验方法及步骤

5.2.2.1　黑米色素的提取与染料特性

先将黑米色素从黑米中提取出来并加工成染料。采取浸泡提取的方法来提取黑米色素:将黑米与水按 1:15 的比例称取放置于烧杯中,在 60℃下水浴加热 4h 后进行过滤,即可得到初始染液。

将提取出的初始染液取三等份,并把其中两份分别将 pH 调节至 3 和 9,将 3 块同等大小的棉织物分别放置于上述三份染液中进行染色,即将织物分别在酸性、碱性和初始染液中染色,染色完成后比较在不同 pH 条件下染色的棉织物的颜色与染色效果即可得出合适的染液酸碱性条件。经过实验发现,黑米色素对棉织物在酸性条件下上染率与染色牢度较高,故而接下来的实验在染液 pH 为 3 的条件下进行。

5.2.2.2　壳聚糖改性棉织物

按 2:1 的比例分别称取 1.0g 壳聚糖和 0.5g 次亚磷酸钠于烧杯中,随后加入 50mL 蒸馏水搅拌至溶解后即可制得 2% 的壳聚糖溶液。将剪好的棉织物放入壳聚糖溶液中浸泡5min取出,并使用小轧车轧去余液,将第一次轧好的棉织物重新放入壳聚糖溶液中浸泡并轧液。棉织物经两浸两轧后放入烘箱80℃下进行烘干。烘干后即可得到改性完成的棉织物。然后按如上的壳聚糖与次亚磷酸钠的比例分别配制出1%、3%、4%、5%浓度的壳聚糖溶液用于改性棉织物。

5.2.2.3　黑米色素对壳聚糖改性棉织物的染色工艺与壳聚糖浓度对染色的影响

按配制出的壳聚糖浓度为1%、2%、3%、4%、5%的壳聚糖溶液置于烧杯内,并放入适量棉织物进行改性。从在不同壳聚糖浓度的壳聚糖溶液中完成改性的棉织物中选取两块分别在常规工艺与超声波环境下进行染色,染色完成后比较两者的不同,以此来试验超声波辅助染色对壳聚糖改性后的棉织物在黑米色素染色下的染色性能是否有影响,以及探讨不同壳聚糖浓度改性棉织物对织物染色性能的影响。同时,选取一块未经壳聚糖改性的棉织物用常规工艺进行染色,然后将各组的织物分别按如下染色工艺进行染色。同时取同等大小的空白棉织物按同样的常规染色工艺进行染色,作为空白对照。常规染色与超声波染色的具体工艺参数如下:

(1)常规染色。将裁剪好的壳聚糖改性后的棉织物放在电子天平上称重,得到织物的重量后按照1:50的浴比在锥形瓶内加入pH为3的黑米色素染液,染色温度设为60℃,将锥形瓶放入水浴锅中预热,当温度达到设定值后,将织物用蒸馏水润湿后放入锥形瓶按如下工艺进行染色。染色工艺曲线如图5-1所示。

图5-1　常规黑米色素直接染色棉织物染色工艺曲线

(2)超声波染色。对壳聚糖改性棉织物进行称重,得到织物重量后以1:50的浴比在锥形瓶内加入pH为3的染液,将锥形瓶放入超声波清洗机中进行预热,达到设定温度后将织物润湿并放入锥形瓶内按如下工艺进行染色(图5-2)。

图5-2　黑米色素直接染色棉织物超声波染色工艺曲线

5.2.2.4　温度对黑米色素染色的影响

温度会对黑米色素的分子结构产生影响,从不同壳聚糖浓度进行改性对织物染色性能影响的探究发现,壳聚糖浓度大于 3% 后,壳聚糖溶液黏度较大,不利于浸轧,且对染色性能提升不大,因此在接下来的探究实验中采用 3% 壳聚糖浓度进行改性的棉织物进行实验。同时,按超声波染色工艺,分别在 30℃、40℃、50℃、60℃、70℃下对 3% 壳聚糖浓度的壳聚糖溶液改性后的棉织物进行恒温超声波水浴染色,水洗后烘干,然后测试织物的 K/S 值及抗紫外系数。

5.2.2.5　染色时间对染色的影响

黑米色素作为天然染料同样具有对纤维亲和力不强的特点,需要足够的时间让染料上染至纤维上,但染色时间过长不仅耗能大,且染料上染纤维的量也会减少。因此染色时间会是影响染色效果的重要因素之一,且因超声波对纤维具有蚀刻作用,会在一定程度上对纤维造成损伤。该实验同时也探讨超声波染色时间对染色牢度的影响。通过前面实验找出的温度,在 60℃ 的条件下分别对 3% 壳聚糖浓度的壳聚糖溶液改性后的棉织物分别在超声波下染色 20min、30min、40min、50min、60min 后水洗并烘干。测试织物的 K/S 值、抗紫外系数、水洗牢度。

5.2.3　性能测定及标准

5.2.3.1　织物的表征测定

为探究棉织物在用壳聚糖溶液进行改性后,棉纤维表面是否发生变化,需要对织物进行电子显微镜扫描。将未经壳聚糖改性的棉织物进行洗涤后烘干,然后与经 3% 壳聚糖浓度的壳聚糖溶液改性后的棉织物各裁剪出一块 2mm×2mm 的织物试样,将试样贴于电镜盘上,然后使用仪器对试样进行扫描与观察。

5.2.3.2　织物 K/S 值的测定

织物的 K/S 值表征的是织物的染色深度,染色深度是用于判断及评价纺织品性能的一项极其重要的常用指标。所以织物染色完后会用 K/S 值表征纺织品的染色性能,织物的 K/S 值越大,表明织物在同颜色下有更深的颜色,即织物染色性能与染色效果越好。

使用 Datacolor 色差仪即可直接测定并得到织物的 K/S 值,按操作方法使用仪器对织物进行测试,测试完毕后,可按照 GB/T 8424.1—2001《纺织品　色牢度试验　表面颜色的测定通则》,对同颜色下的织物的染色深浅进行判断且表征染色效果。

5.2.3.3　织物防晒指数的测定

太阳光中所含有的紫外线会对人体皮肤造成一定的负面影响,如果长期暴露或生活在强紫外线环境下,会加速人体皮肤老化甚至有可能导致皮肤癌。因此,良好且稳定的防晒功能对于服用纺织品而言具有重要意义。目前,研究织物的抗紫外性能是纺织品功能整理领域的一个重要课题。实验室中多以织物的紫外线防护指数 UPF 来表征织物的抗紫外性能或防晒指数,同时由于日常生活中人接触的太阳光里的紫外光多为紫外光中的 UVA 和 UVB,UVC 在太阳光经过大气层时基本被吸收了,所以实际测定中主要考虑 UVA 和 UVB 对纺织品的透过率。

使用防晒指数测试仪对染色完成的织物进行测试,将得到织物的 UPF 数据参照 GB/T 18830—2009《纺织品　防紫外性能的评定》,按相应的标准对织物的抗紫外线性能做出评估,由此判断纺织品防晒性能的好坏与防晒指数的变化。

5.2.3.4　织物水洗牢度的测定

天然染料上染棉织物存在的一大问题就是:染色后的织物水洗牢度较差,这是由于棉纤维对染料分子的亲和力不强,染料分子与纤维间结合得不够强。测定棉织物在经过壳聚糖溶液改性前后的水洗牢度可以直观地判断壳聚糖改性棉织物后其水洗牢度是否有所提高。同时,为进一步探究超声波染色时间对棉织物的损伤与织物水洗牢度的影响,对分别在超声波下染色 20min、30min、40min、50min、60min 的壳聚糖改性后的棉织物进行水洗牢度的测定。

分别对在不同超声波染色时间下完成染色的壳聚糖改性棉织物与未经壳聚糖改性的空白对照组棉织物进行称重,然后将织物分别放入锥形瓶中,得到织物重量后按 1∶50 的浴比在锥形瓶中倒入配制好的 2g/L 的皂片水溶液,然后置于 45℃的恒温振荡水浴锅中振荡 10min,取出织物并用自来水冲洗干净,然后放入烘箱内烘干,织物烘干后进行扫描得到光学图片。以上步骤为一次完整的洗涤过程,共进行三次完整的洗涤过程并对每次洗涤过程结束后的织物进行对比。

5.3　实验结果与分析

5.3.1　黑米色素的染料特性

如图 5-3 所示,黑米色素在不同的 pH 条件下会显示出不同的颜色,图 5-3 中从左到右分别为黑米色素 pH 为 3、黑米色素原液、黑米色素 pH 为 9。初步提取出的黑米色素颜色为浅红色;当黑米色素初液的 pH 调节至 3 时,溶液呈酒红色;黑米色素初液的 pH 为 9 时,溶液呈淡褐色;与黑米色素原液相比,颜色变化较大。由表 5-3 可知,棉织物在黑米色素 pH 为 3 的染液中直接染色的效果最好,因此选用

pH 为 3 的黑米提取液作为后续一系列实验所使用的染液。

图 5-3　不同 pH 条件下的黑米色素

表 5-3　不同 pH 条件下黑米色素上染棉织物样品图

pH = 3	初始染液	pH = 9
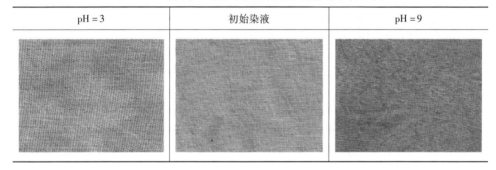		

5.3.2　壳聚糖改性棉织物

棉织物作为日常生活中常见的天然纤维织物之一,因其具有良好的柔软性与吸湿性等性能有着极大的应用市场,为增加天然染料对棉织物的上染率及染色效果,选择壳聚糖溶液并采用两浸两轧后烘干的方式对棉织物进行改性的功能整理。经过壳聚糖改性后的棉织物手感较未经改性前稍硬,且这一现象随着壳聚糖溶液浓度的提高也越发明显;经一系列不同壳聚糖浓度的浓度改性后的棉织物中,1%壳聚糖浓度改性的棉织物手感最柔软,5%壳聚糖浓度改性的棉织物手感最硬,这是由于壳聚糖大量附着在纤维上烘干后发硬所导致的。

5.3.3　壳聚糖改性棉织物的表观形貌分析

为比较壳聚糖改性前后棉纤维的表面形貌是否产生了变化,使用电子显微镜对壳聚糖整理前后的棉纤维的表面形态与结构进行了扫描与观察,结果如图 5-4 所示。

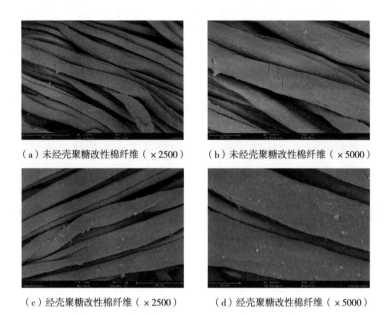

　（a）未经壳聚糖改性棉纤维（×2500）　　　（b）未经壳聚糖改性棉纤维（×5000）

　　（c）经壳聚糖改性棉纤维（×2500）　　　　（d）经壳聚糖改性棉纤维（×5000）

图 5-4　棉织物的 SEM 图片

　　从图 5-4 可以看出,棉纤维在经壳聚糖改性前后有明显不同。由图 5-4(a)、(b)可以看出,未经壳聚糖改性的棉纤维表面较为粗糙,纹路清晰,且可以看到微小的裂痕。可看到些许较为暗淡的小白点,可能是棉织物未完全洗干净所残留的杂质或试剂;由图 5-4(c)、(d)可以看出,在经过 3% 壳聚糖浓度的壳聚糖溶液改性后的棉纤维表面较改性前,表面略显光滑且表面的裂痕变浅,纤维表面出现较多的大块白斑附着物,与图 5-4(a)、(b)进行比较可知,经壳聚糖改性后的棉纤维表面的细小裂痕处得到填补并出现附着物,壳聚糖整理到棉织物上主要是通过吸附在纤维表面的裂痕或细小损伤处,从而进入分子内部达到稳定附着于棉纤维上的效果。实验证明,通过该种工艺可以达到将壳聚糖整理到棉纤维上,实现棉纤维的功能整理。

5.3.4　超声波染色壳聚糖改性棉织物

5.3.4.1　壳聚糖浓度与染色工艺对染色性能的影响

　　从图 5-5 可知,经过壳聚糖改性的棉织物的 K/S 值大于未经壳聚糖溶液改性的空白对照的棉织物的 K/S 值。当壳聚糖浓度低于 3% 时,织物的 K/S 值随着壳聚糖浓度的增加呈现出明显上升的趋势;当壳聚糖浓度超过3%后,随着壳聚糖浓度的增大,织物的 K/S 值的变化幅度明显减弱。且在实验操作过程中,当壳聚糖浓度大于3%后,溶液黏度明显增大,织物在浸入壳聚糖溶液时织物被溶液浸湿并浸透变得困难。壳聚糖浓度之所以对织物染色性能提高得不大的原因是:当壳聚糖溶液的黏度处于比较适中的状态时,壳聚糖溶液能够较轻易地进入棉纤维内部与填充在纤维间隙中并很好地吸附在纤维上,吸附后的壳聚糖覆盖在棉纤维的表面可以有效中和棉纤维表面的负电荷,并且壳聚糖改性棉纤维能够提供—OH 和—NH$_2$等多个活性基团附着于纤维上,能够进一步提高棉纤维对黑米色素的亲和力。与此同时,因为壳聚糖拥有较高的吸附性,可以吸附更多染料的同时使其附着在纤维上,从而达到提高黑米色素的上染率与提高棉纤维的染色性能的目的。但是,如果壳聚糖溶液的浓度过大,壳聚糖分子会聚集,将会不能很好地进入并吸附在纤维内部,且会导致壳聚糖在棉织物上分布不均匀,还会在纤维表面形成一层薄膜,将会阻碍染料分子进入纤维内部,因而 K/S 值增加得不大。综上所述,壳聚糖浓度为3%是壳聚糖溶液改性棉纤维的最佳浓度。

在超声波下,经过不同的壳聚糖浓度的壳聚糖溶液改性的棉织物染色后得到的 K/S 值,都高于同等壳聚糖溶液浓度下改性后仅按常规工艺进行染色的棉织物,5组数据皆表现出相同的趋势即超声波染色的棉织物的 K/S 值会得到提高。且因有多组实验数据作比较,可基本排除该趋势发生的偶然性。由图5-5所示曲线可得出一个结论:超声波辅助染色可以很好地提高经过壳聚糖改性后的棉织物的染色性能。因为超声波是一种高频声波,能够对棉纤维起一定的刻蚀作用,可对纤维

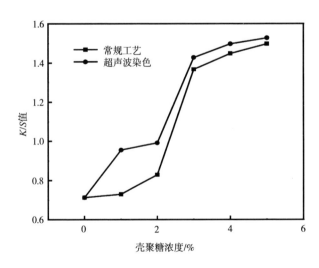

图5-5　壳聚糖浓度与超声波染色对 K/S 值的影响

表面造成细微的损伤,形成裂缝、凹坑等刻蚀,从而增加了纤维表面的细小裂痕,有助于壳聚糖更好地吸附在纤维上,同时加上超声波所产生的空化效应导致对染液的振荡,能够很好地促使染料分子进入纤维内部的裂缝中,并且能够使染料分子均匀地渗透于纤维内部,提高匀染效果。

　　由表 5-4 可看出,未经过壳聚糖改性的棉织物染色后颜色较淡且染色较不匀,经过 1% 壳聚糖浓度的壳聚糖溶液改性后的棉织物颜色比空白组有了较明显的加深,但还存在染色不匀的情况,这是由于壳聚糖溶液的浓度较低,附着于棉织物上的壳聚糖较少对染色性能的提高有限所致,从给定的图像可以看出,各种壳聚糖浓度的溶液改变了棉织物的着色效果,在增加壳聚糖浓度的过程中,改变了黑米色素对棉织物着色的效果,织物的染色性能得到提高,当壳聚糖浓度为 3% 后可看出棉织物的颜色相差不大,且 5% 壳聚糖溶液改性的棉织物出现了黑斑点,这是由于壳聚糖浓度过高使壳聚糖在织物表面形成薄膜后染料吸附不均衡所致。

表 5-4　不同壳聚糖浓度改性的棉织物常规染色样品图

壳聚糖浓度	0	1%	2%
棉织物			

壳聚糖浓度	3%	4%	5%
棉织物			

　　从表 5-5 中可明显看出,壳聚糖改性后的棉织物在超声波下进行染色,无论是颜色和匀染性都比在常规染色工艺下进行染色的壳聚糖改性棉织物要有所提高。

表5-5　不同壳聚糖浓度改性的棉织物超声波染色样品图

壳聚糖浓度	1%	2%	3%
染色样品			

5.3.4.2 染色温度对染色性能的影响

棉织物在不同的温度下染色性能也会随之受到影响,同时黑米色素在低温条件与高温条件下对纤维的上染能力也会有一定的差异。通过测试其他条件不变,黑米色素在不同染色时间下对壳聚糖改性的棉织物进行上染后织物的 K/S 值,可以比较出在不同温度条件下进行染色对壳聚糖改性棉织物的染色性能的影响。不同温度下由3%壳聚糖浓度的壳聚糖溶液改性后的棉织物超声波染色后的 K/S 值的变化如图5-6所示。

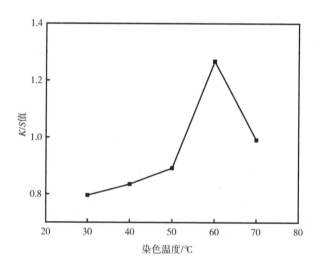

图5-6　K/S 值随染色温度的变化

由图5-6可知,在染色温度低于60℃时,经过壳聚糖溶液改性后的棉织物的 K/S 值随着染色温度的增加呈上升趋势,当染色温度超过60℃后,织物的 K/S 值出现下降,由此可推断,60℃下进行超声波染色,对壳聚糖改性棉织物的染色性能提升最大,因为当温度达到70℃后,黑米色素的结构稳定性下降甚至会被破坏,吸附在纤维上的染料分子将减少,故而在此条件下黑米色素对壳聚糖改性棉织物的超声波染色效果下降。同时,温度大于60℃后,壳聚糖改性棉织物对染料分子的亲和力与其染色性能有所下降,由此可知,黑米色素对壳聚糖改性棉织物超声波染色的最佳温度为60℃。

从表5-6可看出,随着染色温度的不断提高,经3%壳聚糖浓度的壳聚糖溶液改性的棉织物染色后的颜色在不断加深,可当染色温度为70℃时,由于高温破坏了染料分子的结构稳定性从而导致了上染于织物的染料减少,织物的颜色变浅。

表5-6　不同染色温度所得棉织物样品图

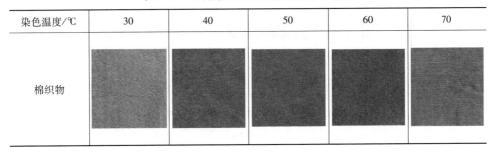

染色温度/℃	30	40	50	60	70
棉织物					

5.3.4.3　超声波染色时间对壳聚糖改性棉织物的染色性能的影响

超声波下染色的时间越长,超声波对棉纤维表面的蚀刻作用的影响也会随之增加,严重的话甚至会导致纤维的损伤过大,纤维的强度减弱。且染色时间过长也会导致上染在织物上的染料解吸程度增加,使织物的染色性能下降。将3%壳聚糖浓度改性后的棉纤维分成5组,分别在60℃下用超声波辅助染色20min、30min、40min、50min、60min。测试染色完成后的棉织物得到的 K/S 值的变化如图5-7所示。

由图5-7可明显看出,超声波染色时间小于50min时,由3%壳聚糖浓度的壳聚糖溶液改性的棉织物的 K/S 值随着染色时间的增加而呈现出上升的趋势,并在染色时间为50min时达到峰值。这是由于超声波的空化作用能够使染料分子更好地穿过纤维表面的吸附层,随着超声波染色时间的不断增加,受空化作用影响进入纤维内的染料分子就越多,因此染色效果就越好, K/S 值就越大;除此之外,超声波对棉纤维的振荡作用可以将棉纤维上的杂质振荡脱落,染料分子可以更多地进入纤维间隙与纤维上,使染料能更好地上染棉纤维,超声波染色时间的增加可以使棉织物上的杂质脱落增加,因此染料上染棉纤维的效果更好。但是当染色时间大于

50min后,织物的 K/S 值开始下降,出现这种情况是因为织物在高温下染色时间过长,导致原本吸附在棉纤维上的染料分子的解吸程度增大,并且由于超声波染色时间过长,导致附着于纤维上的杂质基本脱落,对染料的上染提升不大。综上所述,可得出结论:超声波染色时间的增加能很好地提高壳聚糖改性棉织物的染色性能。但是超声波染色时间过长会导致织物的 K/S 值下降。

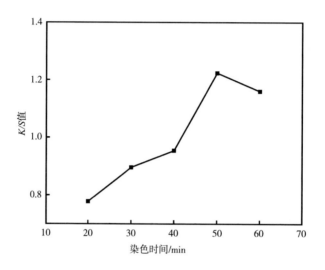

图5-7　不同染色时间的 K/S 值的变化

如表5-7所示,经过3%壳聚糖浓度的壳聚糖溶液改性的棉织物在超声波下进行染色后的颜色与匀染性随着超声波染色时间的增加不断加深,当超声波染色时间达到50min时,织物的颜色与染色效果最好且染色也较为均匀。当染色时间达到60min后,匀染性没有太大变化,但是织物的颜色不但没有加深与改善,反而变浅,这是因为附着在纤维上的染料分子在高温下时间过长引起其解吸程度增大,附着在织物上的染料减少导致的。

表5-7　不同染色时间染色样品图

染色时间/min	20	30	40	50	60
棉织物					

5.3.4.4　不同壳聚糖浓度对织物抗紫外性能的影响

将用不同壳聚糖浓度进行改性的棉织物在超声波染色工艺下完成染色后对其防晒指数进行测试,得到的数据如图5-8所示。由图5-8可看出,经过壳聚糖改性的棉织物在超声波染色后,UPF值比未经过壳聚糖改性的棉织物要高得多。除此之外,壳聚糖改性后的棉织物的 UPF 值随着壳聚糖浓度的增加也总体上呈现上升的趋势。由图5-8中的曲线可知,当壳聚糖浓度为3%时,UPF达到了峰值,这是由于3%浓度的壳聚糖溶液黏度比较大,壳聚糖分子会在棉织物表面形成一层薄膜,这层薄膜提高了织物对紫外光的吸收,因此使由3%壳聚糖浓度的壳聚糖溶液改性的棉织物对紫外线的防护性较高。

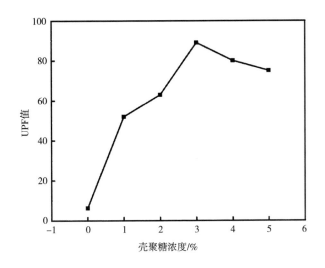

图 5-8　壳聚糖浓度对 UPF 值的影响

此外,由图 5-9 和图 5-10 可以看出,经过壳聚糖改性的棉织物无论是UVA 的透过率还是 UVB 的透过率都要远远低于未经壳聚糖改性的棉织物,由此表明用壳聚糖对棉织物进行改性能够很好地增强织物对 UVA 和 UVB 的吸收能力,进而减少其穿过织物影响皮肤。不同壳聚糖改性的棉织物的 UVA 与 UVB 的透过率都相差不大,5 块棉织物的 UVA 与 UVB 的透过率都在 0.06% 左右。在对紫外光的透过率方面,壳聚糖浓度的影响不是很明显。由此不难得出结论:壳聚糖改性棉织物对棉织物的抗紫外性能有明显提高,且随着进行改性的壳聚糖溶液浓度的增加,提高得越大。综合考虑用于改性的不同壳聚糖浓度对抗紫外性能的提高与对染色性能的影响可确定 3% 浓度的壳聚糖溶液对棉织物进行改性为最优选项。

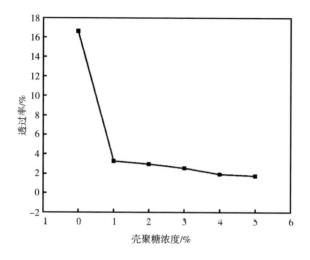

图 5-9   壳聚糖浓度对 UVA 透过率的影响

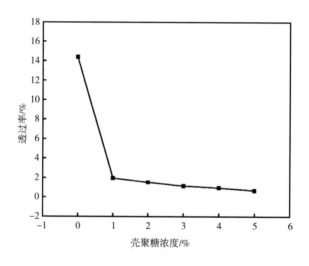

图 5-10   壳聚糖浓度对 UVB 透过率的影响

5.3.4.5   不同染色温度对壳聚糖改性的棉织物抗紫外性能的影响

将在分别在 30℃、40℃、50℃、60℃、70℃下超声波染色 40min 的壳聚糖改性棉织物的 UPF 值、UVA 透过率和 UVB 透过率数据进行整理后得到如下图片。从图 5-11 ~ 图 5-13 中不难看出,经过 3% 壳聚糖浓度的壳聚糖溶液改性的棉织物在不同染色温度下抗紫外性能有一定差异。由图 5-11 可知,在染色温度达到 60℃前,随着染色温度的提高,织物的 UPF 值有明显的提高;当染色温度超过 60℃后,织物的 UPF 值呈现下降趋势,尤其是当染色温度达到 60℃后,UPF 值发生较大的下降。

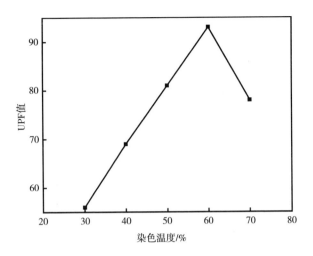

图 5 - 11　染色温度对 UPF 值的影响

从图 5 - 12 可以看出,由 3% 壳聚糖浓度的溶液改性后的棉织物在不同染色温度下 UVA 的透过率起伏不大,基本保持平稳,除了在 40℃ 下进行染色的壳聚糖改性的棉织物的 UVA 透过率为 0.06% 以外,其余温度下进行染色的织物的 UVA 透过率均为 0.05%。由图 5 - 13 可知,染色温度升高,织物的 UVB 透过率先下降后保持不变,与 UVA 透过率一样,在不同温度下染色的壳聚糖改性后的棉织物的 UVB 透过率变化不大。之所以会出现温度超过 60℃ 后,壳聚糖改性棉织物的 UPF 值明显下降的情况,是因为当染色温度过高后,黑米色素的结构稳定性受影响,从织物上受破坏解吸,且壳聚糖改性后的棉织物对黑米色素的亲和力减弱,从而导致吸附于织物上的染料分子减少,由于织物上吸附的染料分子减少会令织物对紫外光的吸收也变少,所以会出现温度超过 60℃ 后织物的抗紫外性能减弱的现象。这一现象与以上关于染色温度对壳聚糖改性后的棉织物的 K/S 值的影响的变化趋势相呼应。

5.3.4.6　染色时间对壳聚糖改性棉织物的抗紫外性能的影响

由于超声波对棉纤维具有一定的蚀刻作用,超声波下染色的时间越长,蚀刻作用的影响也会随之增加,严重的话甚至会导致纤维损伤过大,纤维的强度减弱并导致织物的性能下降。本节就固定超声波频率下超声波染色时间对壳聚糖改性棉织物的抗紫外性能的影响做出探究,将经过 3% 壳聚糖浓度的壳聚糖溶液改性后的棉织物,在不同时间下进行超声波染色,染色完成的织物经防晒指数测试仪测试后得到的数据如图 5 - 14 ~ 图 5 - 16 所示。

从图 5 - 14 中显示的 3% 壳聚糖浓度的壳聚糖溶液改性后的棉织物在不同超

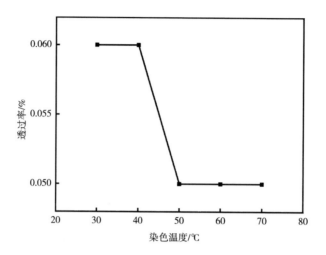

图 5-12　染色温度对 UVA 透过率的影响

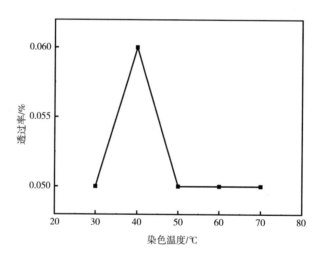

图 5-13　染色温度对 UVB 透过率的影响

声波染色时间的 UPF 值的变化趋势可以看出:在超声波染色时间小于50min 时,随着超声波染色时间的增加,织物的 UPF 值呈现出缓慢上升的趋势;当超声波染色时间超过 50min 后,织物的 UPF 值开始大幅减少,在染色时间为 60min 时最低。由图 5-15 可知,在不同超声波染色时间下进行染色的织物的 UVA 透过率随着染色时间的增加呈现先下降到最低值之后保持平稳,当超声波染色时间为 60min 时突然增加。

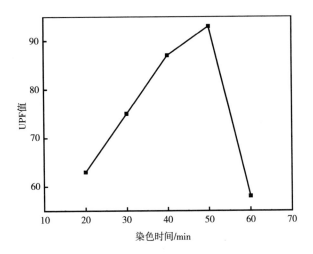

图 5-14 染色时间对 UPF 值的影响

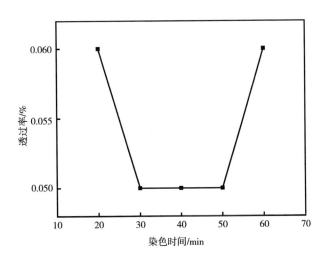

图 5-15 染色时间对 UVA 透过率的影响

由图 5-16 可知,壳聚糖改性后的棉织物 UVB 透过率也呈现出随染色时间的增加而降低后保持稳定,却在超声波染色时间为 60min 处上升至峰值。由此可以推断当超声波染色时间为 60min 时,会使织物的抗紫外性能下降,这是由于超声波染色时间过长,超声波对棉纤维的蚀刻作用对棉纤维的损伤过大,且高温下染色时间过长使染料的解吸程度增加,因此吸附于纤维上的染料分子减小,对紫外光的吸收减少,织物的抗紫外性能下降。

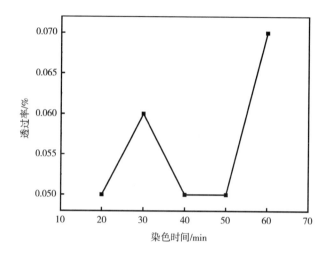

图 5-16 染色时间对 UVB 透过率的影响

5.3.5 超声波染色壳聚糖改性棉织物的耐水洗色牢度

将分别在超声波下染色 20min、30min、40min、50min、60min 的壳聚糖改性棉织物测定水洗牢度,得到的织物在不同水洗时间下的光学图片见表 5-8。未经壳聚糖改性的棉织物水洗牢度较差,在经过三次洗涤过程后褪色十分严重。经过壳聚糖改性的棉织物在超声波下染色 20min 后,三次洗涤后织物的褪色情况与未经壳聚糖改性的棉织物相比有明显的改善;且随着超声波染色时间的增加,这一现象越发明显,水洗牢度也逐渐增加。超声波染色时间越长,不仅织物的水洗牢度越高,而且织物在每次洗涤后颜色褪得也越少。但可以明显看出,在超声波下染色 60min 的壳聚糖改性棉织物无论是水洗前的颜色还是三次洗涤后的颜色都比在超声波下染色 50min 的织物要浅,这充分说明了超声波染色时间超过 50min 后,因染色时间过长,棉纤维受到的损伤过大,染料分子解吸增大引起上染在织物上的染料分子减少,导致织物的染色性能与水洗牢度的降低。

表 5-8 壳聚糖改性棉织物水洗样品图

皂洗时间/min	染色时间/min		
	空白组	20	30
0			

皂洗时间/min	染色时间/min		
	空白组	20	30
10			
20			
30			

皂洗时间/min	染色时间/min		
	40	50	60
0			
10			
20			
30			

5.4　小结

（1）黑米色素在酸性条件下较稳定且染色性能较好,选用黑米色素上染棉纤维,黑米色素的 pH 应小于 5。

（2）壳聚糖改性棉织物后会导致棉织物的手感略微变差,但能显著提高棉织物的染色性能。而且壳聚糖改性后的棉织物在超声波条件下进行染色能很好地提高织物的抗紫外性能,壳聚糖改性后的棉织物的 UPF 指数均大于 50。

（3）超声波染色能够很好地提高黑米色素对壳聚糖改性后的棉织物的匀染性,并提高染料的上染率。

（4）黑米色素在高温条件下不稳定,染料分子容易分解,高温条件下进行染色会导致染色效果变差。

（5）壳聚糖改性后的棉织物在超声波条件下进行染色的时间不宜过长,否则会对纤维损伤过大,导致染色性能下降。

（6）黑米色素对壳聚糖改性棉织物在超声波下染色的合理工艺参数为:3% 壳聚糖浓度的壳聚糖溶液用于改性,pH 为 3,浴比为 1:50,超声波频率 40 kHz,染色温度为 60℃,染色时间 50min。

（7）经过壳聚糖改性后,棉织物的水洗牢度可以明显得到提高,超声波染色时间的增加,对织物水洗牢度的提高幅度也会增加,但染色时间过长会降低织物的水洗牢度。

参考文献

［1］柯贵珍,周甜,朱坤迪．石榴皮提取液对羊毛纤维的超声波染色[J]．毛纺科技,2019,47(2):30 - 32.

［2］王亚丽,何叶丽,纪俊玲．真丝织物的黄连超声波染色[J]．印染,2016,42(9):15 - 19.

［3］张海燕,袁学会．应用超声波技术染天然纤维[A]．中国纺织工程学会．"科德杯"第七届全国染整节能减排新技术研讨会论文集[C]．中国纺织工程学会:中国纺织工程学会,2014:4.

［4］刘瑾姝,马晓燕,邢建伟,等．苦丁茶黄酮提取物对真丝织物抗紫外线性能研究[J]．丝绸,2020,57(10):1 - 5.

［5］赵亮．超声波在纺织工业中的应用[J]．广西纺织科技,2010,39(1):47 - 49.

［6］高大伟,王丽丽,何雪梅,等．棉织物壳聚糖杂化膜改性及防紫外线性能研究[J]．纺织导报,2015(10):104 - 106.

［7］赵其明,张义安．超声波对植物靛蓝染棉织物染色性能的影响[J]．纺织

学报,2009,30(12):66－70,75.

[8]高淑珍,赵欣.超声波染色的动力学研究[J].印染,2002(12):4－6,51.

[9]刘祥霞,贾永堂,董凤春.超声波对不同植物染料染色性能的影响[J].印
染助剂,2010,27(10):35－38.

[10]费燕娜,于勤,倪春锋.超声波协同壳聚糖对棉织物染色性能的研究
[J].上海纺织科技,2019,47(11):49－51.

[11]王碧峤,孔方圆,彭雪梅,等.棉织物的香蕉皮色素超声波染色[J].广东
蚕业,2019,53(9):99－100.

[12]彭庆慧,贺晓亚.壳聚糖改性棉织物的茜草染色[J].印染,2019,45
(24):35－38.

[13]张弛,崔永珠,隋世军.壳聚糖改性棉织物的茜草染色性能[J].大连工
业大学学报,2008,27(4):380－384.

[14]王丹,单小红,王双省.壳聚糖和超声波在活性染料染棉针织物中的应用
[J].上海纺织科技,2016,44(8):8－11.

[15]王浩,杜兆芳,许云辉.氧化壳聚糖/丝胶复合物的制备及其对棉织物的
功能整理[J].纺织学报,2019,40(11):119－124,139.

[16]宋敏芳,郭嫣,崔威威,等.超声波在亚麻织物染色工艺中的应用[J].毛
纺科技,2016,44(1):51－54.

[17]曹晓红.壳聚糖/阳离子改性剂改性棉活性染料无盐染色研究[J].山东
纺织科技,2020,61(4):1－4.

[18]刘帆,刘姝瑞,谭艳君,等.天然植物染料的发展及应用[J].纺织科学与
工程学报,2021,38(1):52－58.

[19]郭荣辉,陈美梅.天然植物染料的应用及发展[J].纺织科学与工程学
报,2019,36(1):158－162.

[20]张弛,崔永珠.国内外天然植物染料的应用及发展现状[J].针织工业,
2009(1):75－78.

[21]郑力伟,吴赞敏.天然染料的提取及应用前景[J].天津纺织科技,2009
(1):24－26.

[22]Glennise Faye C,Mejica,Yuwalee Unpaprom,et al. Fabrication and perform-
ance evaluation of dye－sensitized solar cell integrated with natural dye from
Strobilanthes cusia under different counter－electrode－materials[J]. Applied
Nanoscience,2021.

[23]Andriamanantena Mahery,Razafimbelo Fanjaniaina Fawbush,Raonizafinim－

anana Béatrice, et al. Alternative sources of red dyes with high stability and antimicrobial properties: Towards an ecological and sustainable approach for five plant species from Madagascar[J]. Journal of Cleaner Production, 2021, 303:126979.

[24]Kholil Aris Sugih Arto, Adani Husniyyah Ulfah, Mufsihah Annisa', et al. Utilization of Old Coconut (Cocos nucifera) Husk Waste as Potential Source of Natural Dye and its Dyeing Properties on Cotton Cloth[J]. Key Engineering Materials, 2021, 882:280 – 286.

[25]Rather Luqman Jameel, Zhou Qi, Li Qing. Re – use of Cinnamomum camp – hora natural dye generated wastewater for sustainable UV protective and a – ntioxidant finishing of wool fabric: Effect of Fe(II) sulfate[J]. Sustainable Chemistry and Pharmacy, 2021, 21:100422.

[26]Abate Bademaw, Thakore Krushang. Ultrasound Application to Dyeing of Cotton Fabrics with Reactive Dyes[J]. International Journal of Engineering research & Technology, 2016, 5:236 – 239.

第6章　黑米色素在羊毛织物染色中的应用

6.1　概述

　　羊毛纤维主要由蛋白质组成,是纺织工业的重要原料。羊毛织物具有独特的外观风格与优良的保暖功能,且具有手感柔软,色泽鲜艳,绒面丰满,穿着轻盈舒适等特点,目前深受人们的喜爱,在纺织加工方面也受到了很大的关注。以前,羊毛织物染色一般使用酸性媒染染料、酸性含媒染料、酸性染料、活性染料等合成染料。这些染料在染色的过程中,存在色泽不好,匀染性差,容易污染环境等劣势。近年来,随着人们环保意识的增强,某些染料逐渐被取代,从植物中提取天然色素用于染色已成为新趋势,这类染料具有无毒、无害、对环境友好、生物降解性良好等特性,可以很好地满足染色的需要。通常染色时采用预媒、后媒、同媒三种媒染方法,在不同的媒染条件下,织物获得不同的色泽,而且普遍媒染后的染色牢度比直接染色更好。

6.2　实验内容

6.2.1　实验材料及仪器

6.2.1.1　实验材料
黑米(生长于湖北,市售)、羊毛织物(上海市纺织工业技术监督所,市售)。

6.2.1.2　实验药品、试剂及仪器设备
实验主要药品及试剂见表6-1。

表6-1　实验主要药品及试剂

药品及试剂	规格	生产厂家
氢氧化钠	分析纯	国药集团化学试剂有限公司

药品及试剂	规格	生产厂家
醋酸	分析纯	国药集团化学试剂有限公司
硫酸亚铁	分析纯	国药集团化学试剂有限公司
盐酸	分析纯	国药集团化学试剂有限公司
硫酸铝	分析纯	国药集团化学试剂有限公司
硫酸铜	分析纯	国药集团化学试剂有限公司

实验主要仪器设备见表6-2。

表6-2 实验主要仪器设备

仪器设备	生产厂家
TP-A200 电子天平	福州华志科学仪器有限公司
数显恒温水浴振荡锅	常州国华电器有限公司
DHG-9030A 电热鼓风干燥箱	上海一恒科学仪器有限公司
UV-1201 紫外—可见分光光度计	上海元析仪器有限公司
Phenom 飞纳 台式扫描电镜	复纳科学仪器有限公司
Datacolor 400 色差仪	广州艾比锡科技有限公司
UV-2000 紫外透射率分析仪	广州理宝实验室检测仪器有限公司
YG401C 型织物平磨仪	宁波纺织仪器厂
日晒牢度测试仪	罗中科技

6.2.2 实验方法及步骤

6.2.2.1 黑米花色素苷的提取

采取水提法来制备黑米色素,将市购黑米冲洗干净,用电子天平准确称取一份60g黑米,将其放入烧杯中,加入900mL蒸馏水,盖上保鲜膜,将黑米溶液在室温避光处放置24h,然后过滤获得黑米色素原液,测量其pH为6,将此黑米色素溶液于避光处储存,并分成若干等份用于后续实验。

6.2.2.2 pH 对黑米色素紫外—可见吸收光谱的影响

分别取5mL黑米花色素苷提取液于4个50mL烧杯中,利用醋酸或氢氧化钠溶液调至pH为3、5、7、9,观察其色泽并记录。再分别取不同pH的黑米花色素提取液2mL,用移液管移至4个25mL的容量瓶中,加入蒸馏水稀释,定容摇匀,然后分别测定不同波长下的吸光度,并做出紫外—可见吸收光谱曲线。

6.2.2.3　黑米色素染色羊毛织物

（1）直接染色法。裁剪 8cm×8cm 的羊毛织物,将其置于锥形瓶中,在 60℃ 温水中浸泡 10min,浴比 20:1,控制单一变量 pH(原液、3、5、7、9),按处方配制好染浴,以 2℃/min 的速度将染浴逐渐升温到 90℃,在 90℃ 染 60min,保证染色过程中没有染液蒸发,染色完毕后取出试样,用冷水洗并烘干,标记试样并储存。染色工艺曲线如图 6-1 所示。

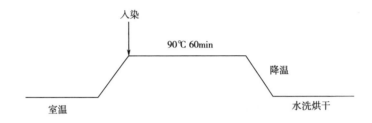

图 6-1　黑米花色素直接染色羊毛织物工艺曲线

将染色后的羊毛织物标样储存好,测试织物的 K/S 值、耐皂洗色牢度、耐日晒色牢度、耐摩擦色牢度以及抗紫外线性能,并用扫描式电子显微镜观察染色前后的织物表观形貌变化。

（2）后媒法染色。将直接染色法染色的羊毛织物用温水润湿,配制质量浓度为 5g/L 的硫酸亚铁溶液,将其作为媒染剂进行后媒处理,使染浴以 2℃/min 速度逐渐升温至 60℃,在 60℃ 处理 30min,处理过程中保持浴比 20:1。染色结束后测试织物的 K/S 值,并与直接染色法相比较。

6.2.3　性能测定及标准

6.2.3.1　颜色表征

实验采用 Datacolor400 色差仪测试染色羊毛织物的 K/S 值,以及 L、a、b、c、h 值。

6.2.3.2　织物抗紫外线性能测定

抗紫外线效果测定采用 GB/T 18830—2009《纺织品防紫外性能的评定》,在 UV-2000 紫外透射率分析仪上进行测试。试样按规定尺寸,测试温度 25℃,相对湿度为 50%,紫外光扫描范围 250~400nm。参照使用说明书调试仪器,将试样夹在测样孔上,测试三次,然后测试系统自动计算出紫外线防护指数 UPF 以及 UVA、UVB 透过率,记录数据,做出相应的曲线、表格,判断染色织物是否具有抗紫外线性能。其评价标准见表 6-3。

表6-3 紫外防护效果评价标准

UPF 范围	15~24	25~39	40~50,50+
防护分类	较好	非常好	非常优异
紫外线透过率/%	6.7~4.2	4.1~2.6	≤2.5
UPF 等级	15,20	25,30,35	40,45,50,50+

6.2.3.3 织物耐皂洗色牢度的测定
织物耐皂洗色牢度的测定见表6-4。

表6-4 耐皂洗色牢度

测试标准	测试方法	评价类型
参照 GB/T 3921—2008《纺织品 色牢度试验 耐皂洗色牢度》	测试试样在碱性洗液中洗涤后褪色程度	分为原样褪色和白布沾色

6.2.3.4 织物耐日晒色牢度的测定
被染羊毛织物耐日晒色牢度按照 ISO 105-B02 标准测试。

6.2.3.5 织物耐摩擦色牢度测定
被染羊毛织物干、湿摩擦牢度按 GB/T 3920—2008《纺织品 色牢度试验 耐摩擦色牢度》标准测试,见表6-5。

表6-5 耐摩擦色牢度

适用范围	原理	设备、材料
适用于各种纺织地毯、织物及纱线	将试样分别用一块干摩擦布摩擦和湿摩擦布摩擦	YG401C 型织物平磨仪、摩擦棉布

6.3 实验结果与讨论

6.3.1 黑米色素对 pH 变化的稳定性

测定不同 pH 黑米色素溶液的紫外—可见光谱,结果如图6-2所示。当 pH 为3、5、7时,黑米色素在可见光区域的最大吸收波长大约为510nm,而当 pH 为9时,黑米色素的紫外—可见光谱在可见光区域没有波峰,曲线很平坦。相比酸性条件,黑米色素在碱性条件下的紫外—可见光谱形状发生了明显变化,而pH为5、7时,紫外—可见光谱几乎在可见光区域重合,由此可以推断,黑米色素颜色随pH变化而变化,而不同酸碱性时,颜色呈现出不同色系,颜色差异明显;同酸或同碱条件可能只是改变黑米色素颜色的深浅。

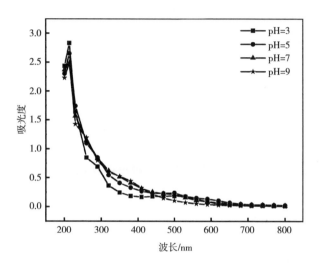

图6-2 pH对黑米色素紫外—可见吸收光谱的影响

将提取的相同质量浓度的黑米色素原液(pH=6)分为4等份,用氢氧化钠溶液和乙酸调节色素溶液的pH分别至3、5、7、9,黑米色素溶液呈现出不同颜色,其结果如图6-3所示。

图6-3 不同pH下黑米色素的颜色
a—pH=3 b—pH=5 c—pH=7 d—pH=9

由图6-4可知,黑米色素在pH为3时为红色,pH为5时为红色,pH为7时为红褐色,pH为9时为棕黄色,均为稳定的溶液,无沉淀生成,显现出不同色泽。这是因为提取的黑米色素属于花色素苷色素,其结构中取代羟基的位置和数目不同,而此类色素分子在不同pH条件下存在互变异构,并且每个异构体的颜色有差异,结构具体变化比较复杂,这均使黑米色素溶液显现出不同的颜色。

6.3.2 黑米色素染色羊毛织物

6.3.2.1 直接染色法

综合考虑实验室现有条件,以去离子水作为提取剂在常温下提取黑米色素,其不仅对自然环境没有污染,而且没有挥发性,避免了对染色影响因素的干扰。常温提取的优点是节省资源,且黑米浸泡后表面形态无明显变化,便于后续的继续使用,但其缺点是提取所用时间较长。羊毛有鳞片层结构,很难上染,所以染色前需要将羊毛在温水中浸泡,便于后续染色,随温度的升高,二硫键打开,上染速率增加,采取90℃为染色温度,染色60min,浴比20:1。控制单一变量pH,不添加任何助剂,直接染色法在不同pH条件下染色样品见表6-6。

由表6-6可以看出,染液呈酸性时,羊毛织物偏深棕色,染色深度较好;染液为中性时,羊毛织物偏褐色,染色深度相比酸性染浴条件下有所降低;染液呈碱性时,羊毛织物偏米色,染色深度较浅。实验结果表明,不同pH的染液对羊毛织物的染色有不同的性能。黑米色素本身会因为产地、生长环境等不同而导致化学结构及成分不同,本实验控制同一品种黑米,避免其影响,但黑米色素分子在不同pH条件下存在互变异构,在酸碱性溶液中的变化较为复杂,而每个异构体的颜色有差异,这也使黑米色素染色的羊毛织物呈现出不同的颜色。

表6-6 不同pH条件下染色样品

样品1 (原液)	样品2 (pH=3)	样品3 (pH=5)	样品4 (pH=7)	样品5 (pH=9)

不同pH条件下染色样品的K/S值曲线如图6-4所示。染色羊毛织物的K/S

值随着染液 pH 的升高而降低,当 pH 为 3 时,羊毛织物的染色深度最高,羊毛织物
在酸性条件下染色效果较佳。由于羊毛的两性性质,所以当染液酸性较强时,羊毛
纤维与染料阴离子之间主要以离子键结合,还存在分子间作用力,染色牢度较好;
当 pH =9 或是更高时,羊毛织物的染色深度较低,几乎不上染,这是因为当染液碱
性较强时,羊毛纤维与染料阴离子之间存在静电斥力,不利于染料的上染,且染料
与纤维之间只有分子间的作用力,结合牢度较差。再者羊毛属于蛋白质类纤维,在
强碱性条件下,容易造成损伤,所以羊毛不适合碱性条件染色,更适合酸性条件染
色。但染色羊毛织物的 K/S 值在 pH 为 3 ~5 之间变化很小,而 pH 越小(低于等电
点),羊毛所带正电荷越多,染料上染速率越快,匀染性则不佳,若考虑到匀染性,则
应选取染液 pH 为 4。

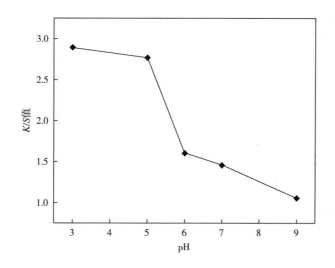

图 6-4　不同 pH 条件下染色羊毛织物的 K/S 值

　　综上所述,染色羊毛织物的 K/S 值、色光对染液 pH 很敏感,其随染液 pH 变化
而不同。通过 K/S 值、匀染性两个染色效果评价标准的综合考量,得出 pH 为 4 是
最佳的染色条件。

6.3.2.2　后媒染色法

　　将直接染色法染色的羊毛织物(染液 pH 为 3)用温水润湿,配制质量浓度为
5g/L 的硫酸亚铁溶液,将其作为媒染剂进行后媒处理,在 60℃处理 30min,处理过
程中保持浴比 20:1。处理后观察染色羊毛织物色泽变化,测试染色织物的颜色特
征值,实验结果如图 6-5、表 6-7 所示。

（a）直接染色法　　　　（b）后媒染色法

图6-5　两种染色法的染色样品图

表6-7　染色试样的颜色特征值及 K/S 值

染色方法	L	a	b	c	K/S 值	颜色
直接染色法	54.63	8.81	15.79	18.08	2.8942	棕色
后媒染色法	47.40	1.62	7.05	7.23	3.5406	蓝黑

后媒染色法能够有效避免媒染剂与黑米色素直接发生络合反应,黑米色素分子中含有大量酚羟基,能够与金属离子反应生成络合物。在同浴或预媒染色时,可能出现媒染剂先与黑米色素反应,导致上染率下降,从而影响黑米色素在羊毛织物上的含量,致使染色试样的 K/S 值降低。

由图6-7、表6-7可以看出,媒染法对试样的 K/S 值影响很大,与直接染色相比较,后媒染色试样的 L 降低,红绿值 a、黄蓝值 b 均显著减小,K/S 值明显增大,试样的颜色变暗变深,从棕色变为蓝黑色。

由 Fe^{2+} 作为媒染离子的结果以及不同pH下黑米色素染色获得的不同颜色,可以推测出不同类型的媒染剂,其染色织物的光泽会有较大差异,则选取各类媒染剂媒染羊毛织物可以丰富黑米色素染色的光泽,但需要依据所需光泽的深度选取最佳的媒染剂。

6.3.3　染色后羊毛织物的表观形貌分析

先将制好的羊毛试样,打开电镜扫描仪器,并用一层导电薄膜将试样固定到载物台上。放好试样后,抽真空,调整试样与仪器之间的距离,选择不同的倍数,然后在荧光屏上可以得到不同的特征图像。

羊毛织物染色前后的电镜扫描图如图6-6、图6-7所示。从左至右电镜的放大倍数依次为200、2500、5000,电镜扫描图像分辨率清晰、画面感强、景深大,这些鲜明的特点能够准确地观察和再现织物的表观和聚集态结构。200倍中的图像中,可以看出羊毛织物是平纹织物,有优良的弹性使织物能保持平整挺括的外观,纱线内部纤维排列整齐,结构紧密,织物覆盖系数高,有着良好的保暖性。2500倍、5000倍的图像中,可以清晰地看到羊毛的完整鳞片层结构。经染色后的羊毛,与染色前相比,鳞片层结构并未受到破坏,但其表面不再均匀光滑,能够清晰地看到上染羊毛织物的黑米色素。

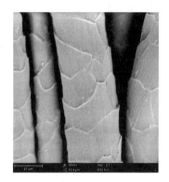

图6-6 染色前羊毛织物在不同倍数下的电镜扫描图

图6-7 染色后羊毛织物在不同倍数下的电镜扫描图

6.3.4 染色后羊毛织物的抗紫外线性能

将未染色羊毛以及 pH 为 3、5、6(原液)、7、9 的染色试样分别依次标记为 1~6 号。把试样裁剪为 8cm×8cm,调节设备的测试温度为 25℃,相对湿度为 50%,紫外光线扫描范围 250~400nm。

依照使用说明书调试仪器,将不折叠的试样夹在测试孔上,测定织物对不同波长紫外光的透过率,测试三次(不同位置),取其平均值。然后测试系统自动计算出紫外线防护指数 UPF 以及 UVA、UVB 透过率,并给出 UPF 评级,试样的透过率越大,说明抗紫外线性能越差,整理数据,做出相应所需的曲线。

6.3.4.1 黑米色素染色羊毛织物的 UPF 值

由表 6-8 可以看出,染色试样在不同 pH 下染色的 UPF 值均高于未染色的试样 1,依据紫外防护效果评价标准,UPF 值小于 15、15 ~ 24、25 ~ 39、40 ~ 50 和 50 以上的紫外线防护能力分别分为差、好、非常好、极好和优秀,所以可以看出羊毛织物本身具有较好的防紫外线能力,羊毛等蛋白质纤维中含有芳香族氨基酸,其对小于 300nm 的紫外光有良好的吸收性;黑米色素染色羊毛织物的防紫外线能力均为 25 ~ 39,说明黑米提取色素可使羊毛织物具有一定的防紫外线能力。

表 6-8 染色羊毛织物的 UPF 值

试样	1	2	3	4	5	6
UPF 值	20	35	38	28	27	32

如表 6-9 所示,不同色泽对应的紫外辐射透过率不同,从小到大的顺序依次为:黑色透过率为 5% ,藏青、红、深绿、紫色透过率为 5% ~ 10% ,而淡红、淡绿、白色透过率为 15% ~ 20% 。因此,从表中可以得知:随着织物色泽的加深,织物的紫外线透过率随之减小,即防紫外辐射性能提高。

表 6-9 不同色泽的紫外辐射透过率

<5%	5% ~ 10%	15% ~ 20%
黑色	藏青、红、深绿、紫色	淡绿、淡红、白色

由图 6-8 可以看出,染色试样不同 pH 染色的 UPF 值均高于未染色的试样 1,这可能是因为多酚分子中含有共轭体系,其对紫外线有一定的吸收能力。而试样 2、3(酸性染浴)相比试样 4、5(碱性染浴),其 UPF 值出现更明显的增加。酸性染浴染色的羊毛织物有着更深的色泽,一般情况下,织物的色泽深浅会影响织物的紫外辐射透过率,随着织物色泽的变深,透过率呈现逐渐减小的趋势。由该现象可以初步推断酸性条件下染色的羊毛织物具有更佳的防紫外线性能。

6.3.4.2 黑米色素染色羊毛织物的紫外透射光谱

由图 6-9 所知,与未染色羊毛(试样 1)相比,染色羊毛(试样 6)的透过率明显降低,透过率越低,抗紫外线性能越好。试样 2、3(酸性染浴)透过率均在 7% 以下;试样 4、5、6(中、碱性染浴)仅有微小差别,透过率均在 13% 以下,而相比酸性浴染色的羊毛织物,中性、碱性染色的羊毛织物的紫外透过率稍高,因此可以推测黑米色素不同 pH 值染浴对其抗紫外线性能影响不大。

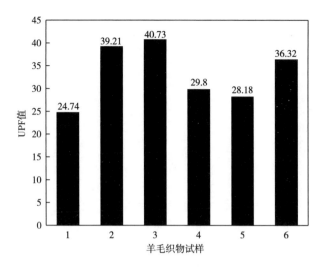

图6-8　染色羊毛织物的UPF值

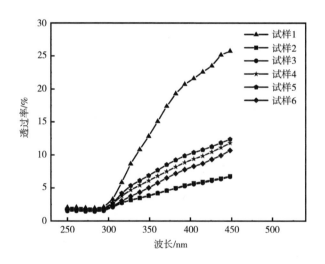

图6-9　染色羊毛织物的紫外透射光谱

6.3.4.3　黑米色素染色羊毛织物的紫外线透过率

黑米色素染色羊毛织物的UVA、UVB的透过率曲线如图6-10所示。

由图6-11可以看出,染色羊毛织物试样2~6与未染试样1相比,UVA的透过率明显降低,酸性浴染色的羊毛织物(2、3)相比中性、碱性浴染色的羊毛织物(4、5、6),其UVA的透过率更低,效果更佳;酸性浴染色的羊毛织物(2、3)与未染色的羊毛织物1相比,UVB的透过率有所降低,而中性、碱性浴染色的羊毛织物(4、5、6)的UVB透过率相比未染色的羊毛织物1,有所升高,但UVB透过率的起伏

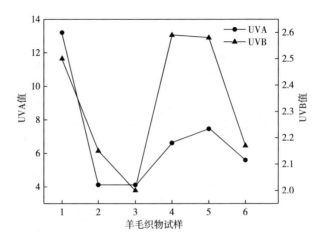

图 6-10　染色羊毛织物的 UVA、UVB 透过率曲线

低于2%。综合来说,黑米色素染色的羊毛织物具有一定的防紫外线性能。

考虑到纺织品的厚薄程度会对抗紫外线性能产生很大的影响,本实验采用同一批次的羊毛织物,裁剪成同样尺寸(8cm×8cm),均为经折叠进行3次样品测试,取其平均值,所以本实验所得数值仅供参考,黑米色素的抗紫外线性能主要表现在染色前后羊毛织物抗紫外线的变化上。其中黑米色素结构中含有多酚分子,有共轭体系,对紫外线有一定的吸收能力,所以黑米色素抗紫外的原理为紫外线吸收,结合实验结果来看,黑米色素可以作为天然的抗紫外线剂来研究。

6.3.5　染色后羊毛织物的色牢度

6.3.5.1　染色羊毛织物的耐皂洗色牢度

对不同pH下染色的羊毛织物进行皂洗,其皂洗前后色差变化见表6-10。不同pH染浴条件下的染色样品,皂洗后和皂洗前相比均有明显的变色现象,颜色变得更浅更淡,羊毛织物的色光变化较大,这使染色后的羊毛织物皂洗牢度偏低。可能的原因是:黑米色素中发色团结构本身不稳定,在碱性的洗液中发生结构变化,从而使结合在纤维上的染料颜色发生变化,同时在皂洗过程中部分染料从纤维上脱离下来。

由表6-10可以看出,在碱性染浴条件下,羊毛织物的色差更明显,这是因为当染色pH大于或等于羊毛等电点时,羊毛纤维呈现一定的电负性或电中性,染料阴离子与纤维之间不能以离子键的作用力结合,主要是凭借分子间作用力上染纤维,所以染色皂洗牢度差。

表6-10　染色羊毛织物皂洗前后的色差

皂洗时间/min	样品1（pH＝3）	样品2（pH＝5）	样品3（pH＝7）	样品4（pH＝9）
0				
30				

　　据上述分析,黑米色素染色的羊毛织物皂洗牢度不佳,有待进一步提高,如果要改善羊毛织物的皂洗牢度,可以通过充分皂洗或采用合适的固色剂来加以改进。

6.3.5.2　染色羊毛织物的耐日晒色牢度

　　对染色羊毛织物进行日晒,其日晒前后的样品如图6-11所示。在不同pH的条件,羊毛织物日晒后的颜色变化均较明显,这可能是因为上染到羊毛织物上的黑米色素在强光下会被氧化成含有醌类的结构,生成的共轭醌类结构是发色团,导致黑米色素的颜色有所变化。而在不同pH条件下,黑米色素分子也存在互变异构,每个异构体的颜色有差异,这也使日晒后羊毛织物颜色变化的差异程度有所区别,酸性浴染色的羊毛织物相比碱性浴,其在光照下颜色变化更为明显。这可能是因为在碱性和高温条件下的染色过程中,大量的黑米色素已经被氧化成含有醌类的结构,因此在进一步光照下,颜色变化不再那么明显。另外在天然纤维中,羊毛是耐日晒性能较好的纤维。综合来看,黑米色素染色的羊毛织物在不同pH染浴下的耐日晒色牢度不佳,均有待提高。

　　通过b和e对比,可以看出相同pH条件下,媒染后的羊毛织物在日晒后的颜色变化不明显,这可能是因为媒染剂（Fe^{2+}）与黑米色素发生络合反应,从而影响黑米色素的颜色及其在羊毛织物上的吸附。

6.3.5.3　染色羊毛织物的摩擦牢度

　　对不同pH染色的羊毛织物分别进行干、湿摩擦,其摩擦前后色差变化见表6-11。黑米色素染色的羊毛织物摩擦前后色差变化不明显,不同pH染浴条件下色差变化相近,且干摩擦牢度要好于湿摩擦牢度。因此可以得出,在不添加任何

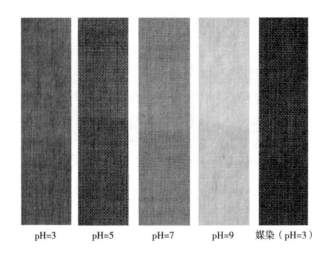

pH=3   pH=5   pH=7   pH=9   媒染（pH=3）

图6-11   染色羊毛织物耐日晒色牢度测试样品图

助剂条件下,黑米色素染色的羊毛织物有着较好的摩擦牢度,并且几乎不受染浴 pH 的影响,所以羊毛织物的摩擦牢度有待于进一步提高。

表6-11   染色羊毛织物摩擦前后的色差

摩擦类型	样品1 （pH = 3）	样品2 （pH = 5）	样品3 （pH = 7）	样品4 （pH = 9）
无				
干摩擦				
湿摩擦				

6.4　小结

本论文研究探讨了黑米天然色素在羊毛织物染色中的应用,主要是黑米色素在不同 pH 染浴对羊毛织物的染色以及其染色性能的研究,并通过扫描电镜观察羊毛织物细微结构和形貌变化。在此过程中,黑米色素(花色素苷)结构中含有的邻位酚羟基起着关键作用,花色素苷的化学结构直接关系到染色羊毛织物的性能。

(1)黑米色素在不同 pH 下呈现不同的颜色,在酸性条件下较为稳定,呈现红色,在碱性条件下稳定性变差,呈现棕黄色,该色素会因加入媒染剂(金属离子)而呈现不同的颜色和色深。

(2)在染浴 pH 为 3、5、7、9 的条件下,染色羊毛织物的颜色分别对应为黄棕色、红棕色、褐色、米色,以 K/S 值和匀染性作为主要指标,得到直接染色法的最佳染色 pH 为 4;不同 pH 下染色羊毛织物的耐摩擦色牢度都较好,而耐日晒色牢度与耐皂洗色牢度都不佳,随着 pH 的降低,染色羊毛织物在日晒下表现出增色效应。pH 对黑米色素在染色过程中造成的结构变化,导致了织物颜色和耐日晒色牢度的差异。

(3)用硫酸亚铁作为媒染剂,在优化的直接染色工艺下,采用后媒法染色,相比直接染色法,染色羊毛织物的 K/S 值、耐日晒色牢度有明显提高。

(4)黑米色素有吸收紫外线的性能,其对羊毛织物具有一定的抗紫外线性能,且黑米色素的抗紫外线性能受 pH 的影响较小,所以黑米色素可以作为纺织品防晒整理中的天然抗紫外线剂来研究。

参考文献

[1]范云丽,徐华凤,王雪燕. 天然染料的应用现状及发展趋势[J]. 成都纺织高等专科学校学报,2016,33(1):158 – 163.

[2]余静,贾丽霞. 天然染料应用的现状与发展[J]. 毛纺科技,2005(4):24 – 27.

[3]王倩,张有林,张润光,等. 天然染料的化学成分、提取技术及应用现状[J]. 应用化工,2017,46(1):154 – 158.

[4]单国华,贾丽霞. 天然染料及其应用进展[J]. 纺织科技进展,2007(5):28 – 30.

[5]曹小勇,李新生.黑米花色素苷类色素研究现状及展望[J].氨基酸和生物资源,2002(1):3-6.

[6]王艳龙,石绍福,韩豪,等.中国黑米花色苷研究现状及展望[J].中国生化药物杂志,2010,31(1):63-66.

[7]赵权,王军.黑米花色素苷提取工艺的研究[J].安徽农业科学,2009,37(3):920-921.

[8]曾繁森,叶妍琦,张美清,等.黑米花色苷的pH敏感性及其抗氧化活性研究[J].包装与食品机械,2020,38(5):19-24.

[9]贾艳梅,侯江波.黑米色素的稳定性及其对羊毛织物的染色[J].毛纺科技,2014,42(2):36-40.

[10]杨东霞.羊毛织物的黑米染料染色[J].印染,2018,44(23):10-13,24.

[11]陈英.染整工艺实验教程[M].2版.北京:中国纺织出版社,2016.

[12]贾艳梅,刘志梅.黑米天然色素在柞蚕丝绸上的染色性能[J].印染助剂,2015,32(2):10-13.

[13]王华印,胡志华,周文龙.花青素类天然染料研究现状及展望[J].现代纺织技术,2013,21(6):55-58.

[14]吴雄英,张涛,陆维民,等.扫描电镜法鉴别丝光羊毛的研究[J].毛纺科技,2002(4):39-42.

[15]周培剑,余志成.黑米色素提取及其对真丝织物的染色[J].现代纺织技术,2012(3):5-8.

[16]张福娣,苏金为.黑米色素提取工艺及其性质表征[J].福建农业大学学报,2006(1):93-97.

[17]汪小兰.有机化学[M].北京:高等教育出版社,1996.

[18]Raja A S M,Thilagavathi G. Influence of enzyme and mordant treatments on the antimicrobial efficacy of natural dyes on wool materials[J]. Asian Journal of Textile,2011(10):1-8.

[19]Yanfei Ren,Jixian Gong,Fubang Wang,et al. Effect of dye bath pH on dyeing and functional properties of wool fabric dyed with tea extract[J]. Dyes and Pigments,2016:134.

[20]赵涛.染整工艺与原理(下册)[M].2版.北京:中国纺织出版社,2019.

第7章 黑米色素的提取及酸碱指示功能织物的制备与性能

7.1 概述

7.1.1 酸碱指示功能织物的应用

酸碱指示功能织物是特指在不同的酸碱度环境中颜色会随 pH 变化而发生明显变化的织物,一般具有响应灵敏,可逆性强等特点。大部分是因为在不同的酸碱度中,其织物上染料分子的部分基团发生了可逆性变化,从而表现为颜色发生可逆的变化,该织物在应用于日常生活中可以定性地来判断酸碱度。用天然色素进行制备酸碱指示功能织物具有颜色鲜艳,色谱齐全,柔软、穿着舒适等优点,在纺织品领域有良好的应用前景。

7.1.1.1 医用绷带

近年来,国外研究学者发明了一种含有酸碱指示剂功能的新型绷带。应用十分广泛,人类的皮肤日常往往呈现弱酸性,但是当皮肤上出现伤口时,伤口处的酸碱度往往会升高,尤其当伤口发生感染甚至化脓时,其 pH 会更高,鉴于这一情况,国外研究者将酸碱指示织物应用于医用绷带或医用纱布之中,在治疗过程中无须频繁地取下绷带或纱布观察恢复情况,可直观地通过织物颜色的变化即可判断是否需要采取必要的医疗措施来处理。

7.1.1.2 内衣内裤

用酸碱指示功能织物制成日常穿着的内衣内裤,通过其颜色的变化可直观地判断是否需要更换,因为人体皮肤的 pH 在 4.5 ~ 5.5,呈弱酸性,但经过运动或长时间大量出汗后,会造成偏碱性的结果,使有酸碱指示功能的内衣内裤改变颜色,起到提示作用。此外,对于女性内裤来说,女性白带酸碱度正常值一般为弱酸性,pH 为 4 ~ 5,若发生细菌感染或其他情况时,酸碱度数值会发生显著提升,作为衣物的同时赋予了其预警身体健康情况的功能。

7.1.1.3 防护手套

用酸碱指示功能织物可以制作成接触到酸碱性物质自动变色的防护手套。人体的皮肤在强酸强碱环境中均会受到损伤,在一些特殊岗位上,经常会接触一些酸碱度不明的液体或物质,如医院、污水厂、制药厂等。戴着具有自动显示酸碱性的防护手套,不仅可以方便地了解所接触物质的酸碱性,更能对皮肤起到一个良好的保护作用。此外,由于酸碱指示功能织物具有良好的可逆性能,使此类防护手套可以多次反复利用,从绿色环保的角度来看,同样具有良好的应用前景。

除以上几例外,酸碱指示真丝织物还可以应用到生活的方方面面,如在制作防护服的过程中采用酸碱指示功能织物,赋予防护服检测周围酸碱度的功能,并通过颜色的变化自动显示出来,又如在生活过程中购买的食用产品过期后,会产生误食的状况,若给包装增加酸碱指示功能,当食物腐坏变质后可由包装颜色的改变来获知等。

7.1.2 酸碱指示功能织物的评价

酸碱指示功能织物具有可重复使用,不会使被测样品受到污染等一系列优点。一种性能优良的酸碱指示功能织物必须有颜色变化明显、响应时间较短、可逆性能良好等一系列优点。

7.1.2.1 颜色变化范围评价

用色相图图7-1来表征因pH变化而引起的颜色变化。

图7-1 颜色变化色相图

7.1.2.2 颜色变化响应时间

响应时间是表征酸碱指示功能织物灵敏性的重要指标。

7.1.2.3 颜色可逆性能

织物颜色可逆次数及变色程度对该织物的应用至关重要,在实验中要连续将织物置于不同pH下多次变色回复,比较其色相值偏差。

7.2　实验内容

7.2.1　实验材料及仪器

7.2.1.1　实验材料

蚕丝织物(市售),黑米(五常市彩桥米业有限公司)。

7.2.1.2　实验药品及试剂

实验主要药品及试剂见表7-1。

表7-1　实验主要药品及试剂

药品	规格	生产厂家
冰醋酸	分析纯	国药集团化学试剂有限公司
氢氧化钠(粒状)	分析纯	国药集团化学试剂有限公司
皂片	分析纯	国药集团化学试剂有限公司

7.2.1.3　实验仪器设备

实验主要仪器设备见表7-2。

表7-2　实验主要仪器设备

仪器设备	型号	生产厂家
电子天平	PTT - A200	福州华志科学仪器有限公司
数显恒温水浴锅	HH - 4	常州国华电器有限公司
织物防晒指数分析仪	UV2000	美国蓝菲光学有限公司
紫外—可见分光光度计	SPECORD 210 PLUS	德国耶拿分析仪器股份公司
电热鼓风干燥箱	DHG - 9030A	上海 - 恒科仪器有限公司
台式扫描电子显微镜	JSM - 5600LV	上海科学仪器有限公司
测色配色仪	CM - 3600A	东莞七彩仪器设备有限公司
色牢度摩擦仪	YB 571 - Ⅱ	温州市大荣纺织仪器有限公司
小样机立式轧车	HB - B 型落地式	荟宝染整机械厂

7.2.2　实验方法及步骤

7.2.2.1　黑米色素提取工艺的确定

黑米花色素的提取一般情况下会采用纯水或溶剂提取法,当采用不同的提取溶剂、不同的提取温度、不同的提取时间与料液比时,对黑米色素的提取效果影响十分巨大,因此这部分实验将围绕对黑米色素提取所需的各项参数来进行分类探讨。

首先用电子天平准确称黑米4份,按照液料比10:1的比例分别量取500mL的去离子水,50%浓度的乙醇溶液,pH为3水溶液及pH为3,浓度为50%的乙醇溶液。共同在60℃恒温水浴锅中放置4h,进行黑米花色素的提取,过滤溶液,从黑米水提取物中获得黑米花青素。最后将4份提取液各取50mL,进行定容以后用紫外—可见分光光度计测量其吸光度,用最大吸收波长处的吸光度大小来表征黑米色素的提取效果。而后用实验所讨论出的最佳提取溶剂按照表7-3进行进一步的正交实验来确定黑米花色素提取的最佳工艺(包括浸泡提取温度,时间,料液比三个影响因素)。图7-2是黑米提取物的制备过程及其有效成分的结构式。

表7-3　黑米花色素提取正交实验

样品	温度/℃	时间/min	料液比
1	50	40	1:5
2	65	65	1:10
3	80	80	1:20

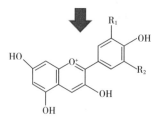

图7-2　黑米花色素提取制备流程示意图

7.2.2.2　黑米色素对真丝织物的染色

整个染色过程分三步进行。首先,将真丝织物润湿后于60℃的干燥箱中干燥。再将处理过的棉织物浸入黑米水提取物中,通过使用氢氧化钠或冰醋酸将染色浴的酸碱度调节至 3、5、7 和 9。然后,在 60℃ 的振荡水浴锅中,在真丝织物上进行染色,保持 40min。染色温度定在 60℃ 的原因是在该温度下可以最大限度地维持花色素苷的结构稳定性。最后,用大量去离子水冲洗样品,并在 60℃ 下进行干燥,熨平留样。染色工艺曲线如图 7-3 所示。

图 7-3 常规黑米色素直接染色蚕丝织物染色工艺曲线

7.2.2.3 黑米花色素结构表征及不同 pH 下的颜色特征

将所提取获得的黑米色素放入 1、2、3、4 号试管当中,用提前配制完成的冰醋酸和氢氧化钠溶液将 4 份黑米花色素 pH 调至 3、5、7、9,进行充分振荡后拍照留样。之后再将所提取获得的黑米色素稀释数倍,用分光光度计测量获得吸收光谱。

7.2.2.4 酸碱指示真丝织物性能表征

将上述步骤中黑米花色素 pH 为 3 的染色条件下所制作的酸碱指示真丝织物制作成为 5cm×5cm 的样布,并在烧杯中分别准备 pH 为 3 的冰醋酸与 pH 为 9 的氢氧化钠溶液。首先将织物完全浸泡入氢氧化钠溶液中,开始计时,待织物完全变色,计时停止,在蒸馏水中洗净后经烘箱 60℃ 下烘干;再将处理织物完全浸泡在冰醋酸溶液中进行复色,开始计时,待织物颜色不再变化后取出,停止计时并洗净烘干;最后将上述变色复色过程多次重复,记录每步所用时间并且比较每次复色后与变色前颜色变化,以此来表征该酸碱指示真丝织物的响应时间与可逆性能。

7.2.3 酸碱指示真丝织物的性能测定

7.2.3.1 酸碱指示真丝织物 K/S 值的测定

用色差仪可以直接测定织物 K/S 值,以 GB/T 8424.1—2001《纺织品 色牢度试验 表面颜色的测定通则》为标准。将染好的蚕丝折叠 4 层后,然后取平均值。最后将经过不同 pH 条件下黑米花色素染色的真丝织物使用 CM-3600A 型电脑测色配色仪测定织物 3 个不同位置的 L、a、b、c 和 K/S 值后,取其平均值。

7.2.3.2 酸碱指示真丝织物的表观形貌测定

将所染得的织物制成 1cm×1cm 的样本,用台式扫描电镜扫描,得到其不同扫描倍数下的微观结构图片。

7.2.3.3　酸碱指示真丝织物抗紫外性能的测定

将不同 pH 条件下用黑米花色素所染织物用抗紫外透过性能测试仪测量其 UPF(防晒指数)值、紫外透过率以及 UVA 和 UVB 的透过率。

太阳光中所含有的紫外线会对人体皮肤造成一定的负面影响,如果长期暴露或生活在强紫外线环境下,会加速人体皮肤老化甚至有可能导致皮肤癌。由于在日常生活中人类接触的太阳光中的紫外光一般是紫外光中的 UVA 和 UVB,其中 UVC 在紫外线经过大气层时大部分被吸收殆尽,所以在实际的实验测定中主要考虑 UVA 与 UVB 对真丝纺织品的透过率。太阳光中的 UV 波长把部分集中在 $100 \sim 400$nm,在波长 $100 \sim 300$nm 为 UVC(短波紫外线),波长 $300 \sim 330$nm 为 UVB(中波紫外线),而 $330 \sim 400$nm 为 UVA(长波紫外线)。经研究长波紫外线中包含的能量尽管低于中波紫外线,但是长波紫外线有着很强的穿透力,能够轻松地穿透衣物,甚至可以深入人体皮肤的皮下组织细胞中,对皮肤造成严重的伤害。相比之下,中波紫外线虽然所含能量很高,然而穿透力却极差,在对人体皮肤照射后,基本不会穿透皮肤的表层,但长时间照射也会造成红斑,皮肤过敏等不良反应。

7.2.3.4　酸碱指示真丝织物耐摩擦色牢度的测定

使用色牢度摩擦测试仪测试被整理织物的干/湿摩擦牢度,然后观察酸碱指示真丝织物经过摩擦后在白棉布上的沾色状况。

纺织品的摩擦牢度是纺织品色牢度中最重要的指标之一,即指纺织物经过干态摩擦/湿态摩擦后的掉色程度。以白棉布经干态/湿态摩擦后的沾色程度作为评判标准,分为 $1 \sim 5$ 级,当其数值越大时,代表其耐摩擦性能越优异。

7.2.3.5　酸碱指示真丝织物耐水洗色牢度的测定

酸碱指示真丝织物耐水洗色牢度测试参照 GB/T 3921—2008《纺织品　色牢度试验　耐水洗色牢度》标准,把待测蚕丝布样剪成 $12\text{cm} \times 12\text{cm}$,经水洗 10min 后剪下 $3\text{cm} \times 3\text{cm}$,水洗 20min 后剪下 $3\text{cm} \times 3\text{cm}$,水洗 30min 后再剪下 $3\text{cm} \times 3\text{cm}$ 织物。然后再对比水洗 10min、20min、30min 后织物的颜色褪去情况,最后分别评定不同条件下所染布样的水洗牢度。

7.2.3.6　酸碱指示真丝织物耐日晒色牢度的测定

酸碱指示真丝织物耐日晒色牢度测试使用织物防晒测试仪对织物进行灯光照射,将织物制成条状后放入仪器,照射 8h 后取出,根据其褪色程度分别评定黑米色素在不同 pH 下所染真丝织物的耐日晒色牢度等级。

7.3　实验结果与讨论

7.3.1　黑米色素的提取工艺

7.3.1.1　溶剂对黑米色素提取的影响

分别用去离子水,pH 为 3 的醋酸溶液、50% 的乙醇以及 pH 为 3 的 50% 酸醇溶液对黑米花色素进行提取,稀释定容后用紫外—可见分光光度计测量吸光度,结果如图 7-4 所示。

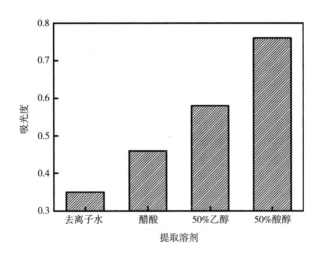

图 7-4　不同提取溶剂对色素吸光度的影响

如图 7-4 所示,用 pH 为 3 的 50% 酸醇溶液对黑米花色素进行提取的效果最好,优于 50% 乙醇溶液,优于 pH 为 3 的醋酸水溶液,水溶液提取效果最差。其原因是黑米表面同时有亲水基团与亲脂集团。水溶液是一类极性很强的提取剂,所以水与乙醇按一定比例混合后提取液会同时兼有良好的亲水性和亲脂性,使黑米颗粒可以在很短时间内被完全浸润。加入醋酸会让黑米色素中富含的花色苷呈正电荷,增加了黑米色素的溶解性。

与此同时,加入醋酸还可以使植物坚硬的细胞壁遭受破坏。综上所述,使用 pH 为 3 的 50% 酸醇溶液提取黑米色素最为合适。

7.3.1.2　黑米色素提取参数优化

黑米色素提取参数正交实验工艺见表 7-4。

表7-4 黑米色素提取参数正交实验表

实验序号	温度/℃	时间/min	料液比	吸光度
实验1	50	60	1:5	0.437
实验2	50	80	1:10	0.526
实验3	50	100	1:20	0.492
实验4	65	60	1:20	0.581
实验5	65	80	1:10	0.756
实验6	65	100	1:5	0.616
实验7	80	60	1:10	0.522
实验8	80	80	1:20	0.592
实验9	80	100	1:5	0.494
均值1	0.485	0.513	0.516	
均值2	0.651	0.625	0.601	
均值3	0.536	0.534	0.555	
极差	0.166	0.112	0.085	

由表7-4数据可知,影响因素极差越大,代表该因素改变对黑米色素的提取影响越大。故提取温度对黑米色素的提取影响最大,在正交实验中,温度分别选取50℃、65℃、80℃。由实验结果可知,当提取温度逐渐升高时,黑米色素提取效果变好,但随着温度的进一步升高,黑米色素吸光度反而下降,提取效果变差。这是因为在提取过程中随着提取温度的升高,增加了黑米色素的溶解速率,并且有助于黑米表层溶质加速脱落,提高了色素提取效率。但是当温度升温过高时,部分色素在高温环境中降解,导致提取时间越长,降解色素越多,提取效率反而下降。

时间与料液比这两个参数对黑米色素的提取影响较小,在正交实验中,提取时间分别采用60min、80min、100min,一开始当提取时间延长时,提取效果变好,但随着提取时间进一步增大后,吸光度反而开始下降。这是由于起初随着时间的延长黑米中的色素逐渐溶解,但当时间逐渐增加后,已经溶解在溶剂中的色素部分结构遭到破坏,导致吸光度下降。料液比与提取时间和提取温度规律相同,随着料液比值增大,吸光度先上升后下降。这是因为初始时提取溶剂少,与黑米接触不够充分,当溶剂慢慢增多时与黑米接触面积增大,提取效率提高,但当溶剂完全润湿黑米表面时继续增加溶剂只会稀释已经提取出的黑米色素,吸光度自然下降。综上所述,黑米花色素最优提取工艺为采用酸性条件下50%乙醇溶液作为提取溶剂,提取温度为65℃,料液比为1:10,提取时长为80min。

7.3.2　黑米花色素在不同 pH 下的结构及颜色变化

7.3.2.1　黑米花色素的结构

由图 7-5 可知,黑米花色素的原液在 500nm 左右有一个较为明显的吸收峰。这是由于黑米花色素是黄酮花色苷类化合物,花色苷类物质的最大吸收波长通常为 490 ~ 520nm。因此,黑米花色素的可见吸收光谱基本符合花色苷类化合物的特征吸收光谱。

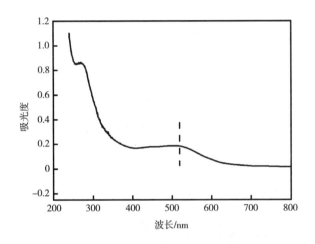

图 7-5　黑米花色素吸收光谱

7.3.2.2　黑米花色素在不同 pH 下的颜色变化

如图 7-6 所示,试管从左到右依次为黑米花色素在 pH 为 3、5、7、9 时颜色的变化,由暗红紫色逐渐向棕绿色转变。这一变化主要由于黑米花色素中基团在不同 pH 条件下,发生相应的变化,其变化过程如图 7-7 所示。

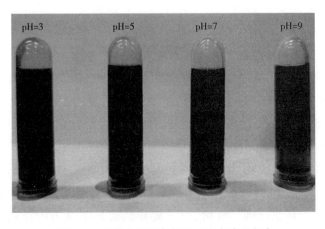

图 7-6　酸碱度不同条件下黑米色素的颜色

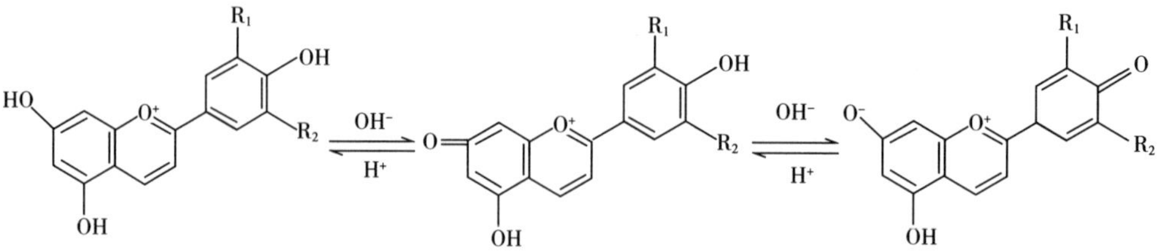

图7-7　黑米花色素在不同pH下结构的变化

7.3.3　pH对真丝织物染色的影响

7.3.3.1　不同pH下染色对真丝织物颜色的影响

黑米花色素在pH为3、5、7、9情况时所染色的真丝织物图片见表7-5。

表7-5　黑米花色素在不同酸碱度情况下上染真丝织物图

原布	pH = 3	pH = 5	pH = 7	pH = 9

由表7-5明显可知,真丝织物在染液pH为3的情况下得色更深,上染率更高,表现为鲜艳的红紫色,效果最佳。当染浴pH为5时,由于接近原液pH,同样获得了良好的得色效果,呈暗红色。当染浴pH为7、9时,真丝织物基本不会上色,并且染浴pH越高时,染色真丝织物颜色越接近于原织物,故酸碱指示真丝织物从得色角度来说染浴最佳pH应处于3~5,此时能够获得良好的色彩与上染率。

7.3.3.2　不同pH下染色对真丝织物K/S值的影响

将四种不同pH下经过染色的真丝织物通过测色配色仪测量其L、a、b、c、K/S值,由表7-6可知,pH对织物的得色效果有明显的影响,在酸性条件下伴随染液pH的逐渐升高,a、b、c和K/S值均有明显的提升,当pH为3时,数值最大,得色效果最好。pH为5时次之,当其染浴pH为7、9时,数据数值接近于零,得色效果极差,红光慢慢减弱,结论与视觉观察颜色结论一致。这是由于蚕丝纤维的等电点为3.5~5.2,当染液pH低于蚕丝纤维等电点时,蚕丝纤维此时带正电荷,黑米花色素与真丝纤维以氢键、离子键和范德瓦尔斯力的形式相结合,当染液 pH 比等电点高时,此时蚕丝纤维带着负电荷,黑米色素分子与蚕丝纤维间只有氢键与范德瓦尔斯力相结合。并且染料分子也为阴离子,与蚕丝纤维阴离子之间有着极大的库仑斥力,很大程度上阻碍染料对纤维的上染,所以碱性条件下得色效果极差。

表7-6　不同 pH 下黑米花色素对真丝织物染色 K/S 值的影响

样品	pH	L	a	b	c	K/S 值
1	3	47.76	8.25	17.26	19.13	5.0203
2	5	49.13	11.59	9.61	15.62	2.9708
3	7	62.80	6.32	1.28	6.45	0.8933
4	9	71.67	1.21	4.87	5.02	0.5911

经过实验可知,当染色是染液 pH 在 3~9 之间循环时,染色真丝织物的颜色变化十分明显。当遇到 pH 为强酸性(pH < 5)、弱酸性(pH = 5~7)与碱性(pH > 7)时,黑米染色真丝织物颜色分别为暗红棕色,红紫色与墨绿色。这是因为花青素类物质及其不稳定,当环境酸碱度不同时结构发生变化,而色素的颜色也因为色素分子结构发生变化而随之改变。当 pH 为 3 时,色素以黄烊盐阳离子形式存在,为暗红色;当 pH 显弱酸性时,因为经测量黑米花色素自身 pH 为弱酸性,所以色素以其原本的发色母体结构存在;当 pH > 7 时,分子色素花色苷失去质子从而成为呈阴离子状态的醌型碱,呈棕绿色。由以上结果可以得出,染液的酸性越强时,所染织物颜色得色越鲜艳,从色彩的鲜艳度与酸碱指示功能的角度来考虑,黑米花色素染料最适宜在酸性浴中进行染色。所以最终效果黑米花色素染浴 pH 9 < pH 7 < pH 5 < pH 3,综上所述应选用 pH 为 3 的染浴对真丝织物进行浸染来获得酸碱指示功能。

7.3.4　酸碱指示功能织物的性能

7.3.4.1　酸碱指示真丝织物颜色变化范围

该织物经过两次循环浸碱变色,浸酸复色后,所得颜色见表7-7。如表7-7所示,浸碱后由暗紫红色变为棕绿色,变色效果较为明显,变色范围跨度也较大。水洗烘干后通过浸入冰醋酸溶液后最终完成复色,变为浅棕色。但通过图片可以直观的感受到该织物进行复色后并无法完全复原变色,这是由于在浸碱液的过程中部分与织物通过离子键结合的染料脱落,发生部分褪色所导致。

表7-7 酸碱指示功能织物在不同酸碱度下的变色范围

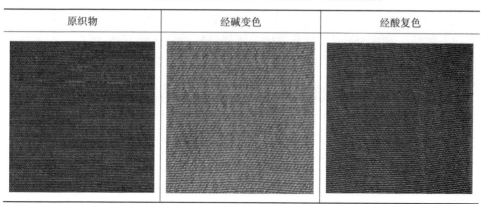

原织物	经碱变色	经酸复色

7.3.4.2 酸碱指示真丝织物变色响应时间

表7-8展示了该织物经过两次循环变色复色时,从颜色开始改变直到颜色完全不再发生任何变化的精确时间。实验中四次变色过程时间均在50s以内完成。其中,两次浸泡碱液完全变色过程都在30s内完成,实验数据说明该酸碱指示真丝织物具有优异的变色性能,且变色响应灵敏,同时通过横向对比织物在碱中变色的时间与在酸中复色的时间,发现织物在碱中变色响应往往更加灵敏,而且在碱性溶液中变色通常会伴随少量已经上染真丝纤维的黑米花色素褪色。这是由于当在碱性条件下,蚕丝纤维带负电荷,此时染料阴离子与纤维阴离子之间存在库仑斥力,使蚕丝纤维上已经结合的染料部分松离脱落,并且快速与碱性溶液(氢氧化钠水溶液)相结合,所以在碱性溶液中变色响应时间较快,并且伴随部分染料的褪色。

表7-8 织物经两次变色复色响应时间

变色情况	浸碱变色	浸酸复色	浸碱变色	浸酸复色
时间/s	28	36	30	38

7.3.4.3 酸碱指示真丝织物可逆性能研究

黑米花色素酸碱指示真丝织物在经过浸入 pH 为 3、9 的缓冲溶液中,经过两次变色与复色后,测量其色相值 H 如图7-8所示,由图可知,经过第一次在 pH 为 3 的溶液中复色后的色相值 H 为 62.66 与该织物变色前色相值 H 为 64.47 基本接近,数值差别较小。经过第二次在酸性溶液中复色后色相值变为62.1,数值基本发生很小变化,该实验充分说明了该酸碱指示真丝织物在经过两次循环变色与复色后具有良好的可逆性能。

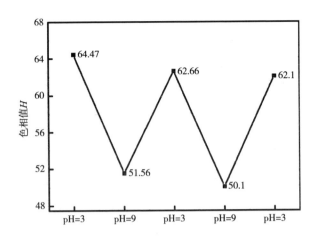

图 7-8　酸碱指示真丝织物循环显色后的色相值

7.3.4.4 酸碱指示真丝织物在中性溶液中变色情况

由于该酸碱指示真丝织物利用黑米色素在不同 pH 下具有优异的变色性能，使织物赋予颜色的同时具有可重复使用，不会使被测样品受到污染等一系列优点，并且具有柔软、穿着舒适等优点，在纺织品领域具有良好的应用前景。因此在制为成衣或用于其他用途时，不可避免地要在中性条件下进行水洗等一系列操作，经实验检测该织物在中性溶液中不会产生颜色改变，只对强酸强碱有良好的响应性能，所以该织物的水洗稳定性良好，使后续该织物应用于纺织品领域成为可能。

酸碱指示功能真丝织物(织物颜色会随着环境酸碱度变化而发生显著的可逆性变化)利用黑米色素在不同 pH 下具有优异的变色性能，使织物赋予颜色的同时，还赋予了蚕丝织物酸碱指示功能，不但极大地拓展了天然色素的应用，而且提高了纺织品的附加值。

该酸碱指示功能真丝织物在中性溶液中不会产生颜色改变，只对强酸强碱有良好的响应性能，因此织物的水洗稳定性良好，为后续应用于变色服装领域奠定了基础。

黑米花色素天然染料具有无毒、无害、环境友好、生物降解性良好等特性。因此，基于天然黑米提取液对蚕丝织物进行染色及功能化整理避免了合成染料带来的安全隐患，对环境和生物没有毒害作用，且具有简单易行，条件温和的特点，属于一种全新的绿色染整加工技术。

7.3.5　酸碱指示功能织物的性能测定

7.3.5.1 酸碱指示真丝织物水洗牢度测定

表 7-9 展示了该织物在水中通过不同时间的水洗处理后，颜色发生了一定的

变化,有着较大程度的褪色。这是基于天然染料本身易褪色的特点,耐水洗色牢度还有待进一步提高。

7.3.5.2 酸碱指示真丝织物干/湿摩擦牢度的测定

图7-9为该织物在色牢度摩擦仪中分别在干态和润湿状态下进行300次反复摩擦后,棉布的沾色情况。采用色牢度摩擦仪来测酸碱指示真丝织物干态/湿态的摩擦牢度后,织物湿态摩擦牢度达到4级,而干态摩擦牢度可以达到5级。由表7-9可知,该酸碱指示织物不论在干态或湿态下进行摩擦,均具有良好的摩擦牢度,棉布沾色较少。并且通过观察发现该织物干摩擦情况下棉布几乎无沾色。而在润湿情况下,有着少许沾色,说明该织物干摩擦牢度优于湿摩擦牢度。

（a）干态　　　　　　　　　　　　　　　　（b）湿态

图7-9　织物干/湿摩擦牢度棉布沾色图

表7-9　酸碱指示真丝织物水洗牢度测试图

水洗时间/min	0	10	20	30
织物				

7.3.5.3 酸碱指示真丝织物的表观形貌分析

图7-10为织物在不同放大倍数下的电镜图片,可以清晰地观察到织物的微观纱线结构。

图 7-10　酸碱指示真丝织物 SEM 图

7.3.5.4　酸碱指示真丝织物抗紫外性能的测定

（1）黑米花色素在不同 pH 下对真丝织物进行染色，并测试防晒指数。

由图 7-11 可得，经黑米花色素在不同 pH 下染色后，其织物防晒指数（UPF 值）均有明显的提高，说明黑米花色素可以明显提高蚕丝织物的抗紫外线能力。之后对比染浴在不同 pH 下所染织物的防晒指数可得，pH 为 3 的条件下其防晒指数最高，pH 为 5 时防晒指数略有下降，而 pH 为 7、9 时防晒指数大幅下降，与未经染色的蚕丝织物防晒指数较为接近。因此说明黑米花色素染液 pH 为 3 时，所得织物抗紫外性能最好，与之前讨论染液不同酸碱度织物的得色规律相符，更加充分说明酸碱指示真丝织物在 pH 为 3 的条件下染色为最佳工艺。

（2）黑米花色素在不同 pH 下对真丝织物进行染色对织物 UVA、UVB 值的影响。

由图 7-12 可知，未经染色的真丝织物其长波紫外线与中波紫外线透过率最高，为 18.83% 与 5.78%，屏蔽效果并不优异，但蚕丝织物经黑米花色素在不同酸碱度染液中染色后，其透过率在不同条件下都有不同幅度的降低。其中染液 pH 为 3 时，长波紫外线与中波紫外线透过率最低，屏蔽效果最好，随着染液 pH 的增大，屏蔽效果逐渐变差，透过率慢慢增大。实验证明，经天然染料花色素染色后，对织物的 UVA、UVB 屏蔽效果会有一个极大的提升。

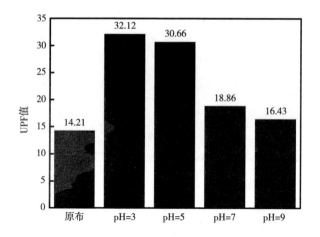

图7-11 黑米花色素在不同 pH 下所染织物的 UPF 值

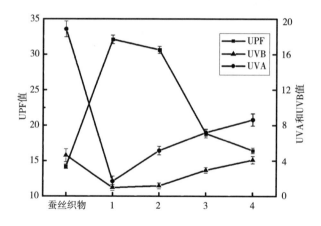

图7-12 黑米花色素在不同 pH 下所染织物的 UVA、UVB 值

由于本实验所染织物具有灵敏的酸碱指示功能,在强酸强碱下可染得迥然不同的颜色,所以对在不同酸碱性条件下变色后的织物进行长波紫外线与中波紫外线透过率的测试也非常有必要。经测试后发现,当染液 pH 为 3 时,染得的酸碱指示真丝织物长波紫外线透过率为 11.82%,中波紫外线透过率为 2.78%。在经过浸入碱性缓冲溶液变色后,长波紫外线透过率降低为 3.95%,而中波紫外线透过率增长为 4.21%。由于该织物经过浸碱变色后由暗红色变为棕绿色,可知当颜色为棕绿色时,织物更偏向于吸收紫外线中波长较长的部分,从而导致长波紫外线透过率降低,中波紫外线透过率略有增长。

7.3.5.5 酸碱指示真丝织物耐日晒色牢度的测定

由图 7-13 可得在不同 pH 下经黑米花色素染色后,在数个小时的光源照射下,4 个样品的颜色变化情况。

pH=3　　　　pH=5　　　　pH=7　　　　pH=9

图 7-13　黑米花色素在不同 pH 下染色织物耐日晒牢度测试图

由图 7-13 可以看出,染液 pH 为 3 时所染织物经日晒后褪色不明显,基本仍保持棕色。但随着 pH 的增大,发现织物褪色程度越来越大,黑米色素染液 pH 为 9 时所染织物经日晒褪色后基本变为白色。这是因为织物上染料经照射后发生光致褪色现象,织物经日光光源照射后,吸附在上面的染料分子吸收了大量光能,能级由基态转变为激发态,从而激发色素分子发生了光化学反应,因此黑米色素染料变得极不稳定,从而发生光致褪色。其实导致天然色素染色织物发生褪色的原因是多种多样的,其中如染料浓度、被染纺织品纤维的种类、织物上染料的附着状态以及染料分子结构等。由于在酸性条件下黑米花色素与真丝纤维往往以氢键、离子键和范德瓦尔斯力的形式相结合,当处于碱性条件下时,由于高于蚕丝纤维等电点,所以黑米色素染料与纤维之间的作用力只有范德瓦尔斯力与氢键,相比在酸性条件下时,缺少了离子键作用力,故在键合作用减弱,处于激发态的色素分子传递到蚕丝纤维上的能量变少,故在碱性条件下染色的织物光致褪色现象严重,所以 pH =3 的织物耐日晒色牢度最好。

7.4　小结

(1)黑米花色素最优的提取工艺为采用在酸性条件下 50% 乙醇溶液作为黑米色素提取溶剂,提取温度为 65℃,料液比为 1∶10,提取时间为 80min。

(2)黑米花色素染真丝织物,其最佳染色工艺为:浴比 1∶20,染色时间 40min,染色温度 60℃,pH 为 3。

（3）该酸碱指示真丝织物利用黑米色素在不同 pH 条件下变色性能优良,使织物在获得颜色的同时获得酸碱指示功能,在酸碱度不同的环境中响应灵敏,在纺织品领域有着十分广泛的应用前景。

（4）真丝织物经黑米色素染色后,不仅可获得颜色,而且其抗紫外性能也获得大幅提升。

（5）因此,基于天然黑米提取液对真丝织物进行染色及功能化整理避免了合成染料带来的安全隐患,且具有简单易行、条件温和、环境友好的特点,属于一种全新的绿色染整加工技术。

参考文献

[1]侯学妮,王祥荣. 天然染料在纺织品加工中的应用研究新进展[J]. 印染助剂,2009,26(6):8－12.

[2]樊迅. 天然提取物在纺织品加工中的应用及展望[J]. 国外丝绸,2009,24(6):29－31.

[3]郑力伟,吴赞敏. 天然染料的应用及发展[J]. 染料与染色,2009(3):5－6,35.

[4]陈灵敏. 指示剂检测尿液 pH 值对院内尿路感染指导性用药的应用[J]. 检验医学与临床,2007(8):801.

[5]SHUO PENG, RENO N V. Gloves With a Visual Indicator to Remind Change[P]. Patent 2006/005603. 2006－3－23

[6]NAKAJIMA, WAKITANI MITSURU. Acidic or basic gas absorptive fiber and fabric[P]. Patent 5783304. 1998－1－21.

[7]JEFFREY G. WEFRZYN, ALPHARETTA. Method and cloth for detecting leaks in closed bodies[P]. UP4822743. 1989－4－18.

[8]应建维,章淑娟,余志成. 一种具有酸碱指示功能的蚕丝织物的制备与性能表征[J]. 蚕业科学,2014(1):81－84.

[9]周培剑. 紫甘蓝和紫甘薯色素提取及酸碱指示真丝织物制备[D]. 杭州:浙江理工大学,2012.

[10]罗发亮,刘志宏,陈天禄. 固定刚果红的交联聚乙烯醇光化学 pH 敏感膜[J]. 应用化学,2005(3):233－237.

[11]谢增鸿,郭良洽,林旭聪,等. 以罗丹明 B 为指示剂的 pH 敏感膜[J]. 应用化学,2003(8):800－802.

［12］罗发亮,刘志宏,陈天禄. 用于 pH 测定的光化学敏感膜［J］. 分析化学, 2005(4):483 - 486.

［13］马先红,许海侠,韩昕纯. 黑米的营养保健价值及研究进展［J］. 食品工业,2018,39(3):264 - 267.

［14］DIAS, AECIO L DE S, Pachikian, et al. Recent Advances on Bioactivities of Black Rice［J］. Current Opinion in Clinical Nutrition and Metabolic Care, 2017,20(6):470 - 476.

［15］ZHICAI YU, HUALING HE, JINRU LIU, et al. Simultaneous Dyeing and Deposition of Silver Nanoparticles on Cotton Fabric Through in Situ Green Synthesis Withblackrice Extract［J］. Cellulose,2020,27(3):1829 - 1843.

［16］万融,陈颖. 纺织服装产业可持续发展的生态思考［J］. 环境保护,2003 (7):52 - 56.

［17］崔军辉. 含棉类织物的深浓色活性染料浸染残液的回用［D］. 上海:东华大学,2008.

［18］吴鸿烈,梁海波. 应用清洁生产实现可持续发展［C］. 2006 第三届全国染整清洁生产、节水节能、降耗新技术交流会论文集. 江苏 AB 集团股份有限公司,2006:53 - 59.

［19］张素敏,李俊伟,李俊瑞,等. 黑米色素提取工艺优化及其稳定性［J］. 食品工业科技,2018,39(19):156 - 161,167.

［20］漆晴,王嘉晟,姚金波,等. 槐米天然色素的提取及其对蚕丝的染色工艺研究［J］. 染整技术,2018,40(2):32 - 36,39.

［21］杨海桥. 深浓色纯棉织物的湿摩擦牢度［J］. 印染,2003,29(11):12 - 13.

［22］周培剑,余志成. 黑米色素提取及其对真丝织物的染色［J］. 现代纺织技术,2012,20(3):5 - 9.

［23］李亚琼,王越平,王青瑜. 天然染料的日晒色牢度评价及影响因素分析［J］. 北京服装学院学报(自然科学版),2017,37(3):19 - 24,32.

第8章 花色素苷纳米银的绿色制备及其工艺优化

8.1 概述

8.1.1 花色素苷

自古以来,黑米就是人们日常生活所需的一类主食,它营养丰富,口感绵密,同时还具有很高的药用价值。黑米表皮层的颜色一般呈现为灰黑色或者淡黑褐色,富含许多人体生长发育所需的多种蛋白质和氨基酸,还有维生素 A、B、C、D、E,以及纤维中素和维生素 B_1、B_2、B_5 等,还含有不饱和脂肪酸。另外,铜、锌、钙、铁、锰等微量金属元素的含量也很高,尤其对铁、锌、酮等矿物质元素具有良好的络合作用。由于这种特性,人们日常食用黑米就可以预防贫血引发的各种症状,由于铁是血红蛋白维持正常功能不可或缺的一部分,同时也是合成过氧化酶的重要物质以及维护细胞色素系统正常运转的"机油"。

不仅如此,黑米色素中的某些成分还能有效促进生物细胞的正常生长,恢复机体已经受损的造血功能,减轻组织损伤,增强体质,改善视力,在满足提升生物机体的耐缺氧性和抗疲劳性的需求时,还具有抑制疼痛的能力。因其完全没有药物成瘾性和药物耐受性,甚至说它可以直接替代吗啡作为一种镇痛麻醉剂。

除此之外,黑米的外表皮层还富含多种具有养生性的矿物质和具有药用价值的可食用性黑米花色素苷。经大量实验研究成果表明,黑米色素为黄酮花色素苷类化合物,主要含矢车菊素 - 3 - 葡萄糖苷(75%)、甲基花青定葡萄糖苷(13%)、花青定 - 3 - 鼠李葡萄糖苷等,属于一种植物性的多酚类有机化合物,具有有效增强人体自身免疫力、增强对各类心血管疾病的抗性、抗氧化、降低癌症的发病率和改善视力的功效。与此同时,黑米花色素苷对锌、铜、铁、锰等矿物质具有较好的富集作用。因此现阶段的研究和设计方案使黑米花色素苷的利用具有良好的现实意义和市场前景。

黑米花色素苷是一种水溶性的天然色素,在碱性液体介质中呈现暗红色或黑色,在中性液体介质中呈现淡紫红色,在酸性液体介质中呈现淡粉色,热稳定性和光稳定性良好,着色能力强,色价较高,色泽鲜艳,色调稳定,着色均匀,并可根据用户需求来调配成各种相应的颜色,对人体健康无危害,无异味,营养价值高,适用于绿色饮品、糖果、糕点、膨化食品、酒类、肉食品、果冻等绿色食品加工行业的着色,符合 FAO/WHO 食品添加剂专业委员会的有关规定(从各类已知食物中提取并制成的且化学性能结构稳定的天然色素,其实际使用浓度符合原天然食品产业中的使用浓度时,可以将其看作绿色食物,并且不需要其相关的药理学实验资料),并且为生产加工化妆品提供了无危害的良好着色剂,同时具有良好的药用价值。

黑米花色素苷的分子结构中具有许多类似苯环的共轭结构,这种共轭结构较容易脱去氢,使黑米花色素苷分子具备强烈的还原性,抗氧化性能大幅增强。同时分子结构中脱去的氢,还能被自由基吸收,消除了基因中的自由基,起到了抗老化的作用。

8.1.2　纳米银

8.1.2.1　纳米银的抗菌特性及其原理

纳米银,即通过纳米技术使粒径控制在纳米级的银单质。比表面积较大(长径比在 40~100nm)的纳米银抗菌效果会比一般金属银粒子优越,对淋病奈瑟球菌、革兰氏阳性菌、大肠杆菌、沙眼衣原体等数十种常见致病性微生物都能起到优良的生物灭活和抑制效果,并且不易使这些菌体产生耐药性。纳米银常用于加工制作各类抗菌家用纺织品及抗菌服装和鞋袜,抗菌类家用医药品及各类医疗器械,绿色抗菌性涂料、陶瓷和玻璃,抗菌性家用塑料及各类橡胶制品以及各类绿色家用电器等抗菌性产品。除此之外,纳米银抗菌特性也应用到婴幼儿产品中。

自从纳米技术开始问世,卤化银在感光材料方面的消耗被极大地削减。同时在现代化应用性的医疗卫生技术方面,纳米状态下的银对菌体的灭活和抑制性能发生了质的巨大飞跃——使用极少的纳米银便可对大块菌体产生毁灭性的打击。纳米银在伤口处消灭细菌的同时,还能在一定程度上促进伤口的愈合,并且对人体无危害,是最新一代的天然抗菌剂。纳米银杀菌具有以下特点。

(1)广谱杀菌。即纳米银颗粒可通过库仑力与菌体内部细胞膜上带有负电荷的电解质相结合,从而穿透菌体外层起到保护作用的细胞壁,进入菌体相对而言较脆弱的细胞膜内,在细胞液中大量释放银离子与游离在细胞液中的氧代谢酶(—SH)结合,从而产生活性氧。活性氧顺着细胞液在菌体细胞内四处传播,使菌体的各类蛋白质迅速凝固,破坏了菌体的细胞活性和酶活性,阻断了菌体的呼吸系统,使菌体窒息而死。这种灭活菌体的独特作用机制被称作广谱杀菌。纳米银可有效消灭各类生活中的常见菌体,如各类真菌、细菌、孢子、霉菌等生活中常见的微生物。实验研究结果表明,纳米银可消灭接触高温造成的伤口和外科手术后造成的创伤表面常见的细菌,如金黄色葡萄球菌、铜绿色假单胞菌和白假丝酵母菌等病菌;对沙眼衣原体和淋球菌也有强大的灭活和抑制作用;对多种耐药性病原菌,如耐药铜绿色假单胞菌、耐氧厌氧菌、革兰氏阳性球菌以及化脓链球菌等具有更加全面的抗菌性能。纳米银可有效消灭多种常见的有害微生物,而一种医用抗生素能有效消灭七种常见病菌和有害微生物。

(2)超强渗透性。纳米银颗粒拥有超强渗透性,可极快地穿透人体皮肤组织,找到细菌的所在地,就算是位于皮下 2mm 的地方,它也可轻松杀菌。因此有助于预防各种病菌引发的皮肤深层次组织的感染。纳米银还可通过消灭伤口周围的细菌,创造适合伤口愈合的环境,加速伤口处细胞的快速愈合,减轻伤者的痛苦,达到去腐生肌的效果,堪称抗菌消炎的良药。纳米银的抗菌效果持久,可利用特殊的专利技术,使其外部含有一层保护薄膜,进入人体后再逐步释放,延长了抗菌的有效时间。

纳米银属于非天然抗菌性生物杀菌剂,因其独特的抗菌机理可迅速消灭病菌,使其直接窒息而亡,无法通过生物进化繁衍出具备耐药性的后代,从而避免了因菌体产生耐药性而致使常规药物不起作用,病情反复发作,久治不愈。正是这种独特的杀菌机理,才使纳米银从众多的抗菌剂中脱颖而出,在市场中占有一定的位置。

8.1.2.2 纳米银的电磁屏蔽性能

材料的介电和电导常数决定了吸收电磁波的效率,而金属的介电常数与外界环境的电磁波频率的关系一般可以用金属的自由电子气体模型(Drude 模型)表示。纳米银粒子具备了良好的电磁屏蔽性能,纳米银粒子最外层自由移动的电子可以与电场相互作用,通过表面反射和材料内部的多次反射将电磁波转化为热能散发掉,起到电磁屏蔽的效果。

8.1.2.3 纳米银的潜在危害

纳米银具有许多优点,如具有天然色彩,可调配染料颜色,应用于织物完全不影响染料染色;对人体和环境的影响较小,可完全替代传统锡系、铅系焊接;对菌体具有良好的灭火和抑制作用,可直接整理到织物上,短期内洗涤不会影响其使用功能。纳米银因其优点,在各个领域得到普遍研究和认可,与生产生活密不可分。但长期大量使用纳米银抗菌会在生物体内逐渐形成银沉积,会对人体的各类组织系统产生不良影响,当银沉积过多时,甚至会导致人体中毒。特别在一些医疗保健领域,如当工人在加工制作含有纳米银颗粒的医疗保健用品及患者在使用含有纳米银颗粒的医疗保健用品时,纳米银颗粒便可以通过皮肤、呼吸系统和消化系统等多种途径直接进入患者体内,危害患者的身体健康,甚至影响病情的恢复。目前纳米银被广泛地应用于医疗用品中,能直接作用于人体皮肤黏膜或是皮肤伤口,危害人体健康。浓度过高的纳米银会通过各种方法导致细胞组织死亡,目前已被临床证实的途径有线粒体依赖的细胞内通道、肿瘤坏死因子受体通道以及传导细胞调控等其他途径,如活性氧通路、DNA 的损伤通路及其他相关通路等。

如果纳米银挥发到空气中,就会不分敌我地直接攻击生态中的有益细菌,对环境造成不同程度的不良影响,影响人们的生产生活和身体健康。塑料制品含有的纳米银一般会在两个月到一年的时间内析出,从塑料制品中析出的纳米银将不再具备任何抗菌能力。如果人们长期使用这些塑料制品,会导致人体中毒,甚至死亡。若是婴幼儿使用这些塑料制品,则会影响其生长发育。不同粒径、不同浓度的纳米银可对血液系统、呼吸系统、泌尿系统、肝脏等处的细胞产生不同程度的损害,因此要严格控制纳米银在生产生活中的使用浓度。

当人们意识到纳米银未来对医疗用品和临床医学的重大影响时,更应该注意到纳米银对环境和人体的潜在危害,了解纳米银对环境和人体的影响和作用机理,则更具有现实意义。

8.1.3　反应机理

硝酸银($AgNO_3$)是一种无色的块状晶体。纯硝酸银在紫外线下相对稳定,但由于一般的硝酸银产品纯度不够,受紫外线照射易发生化学变化,所以其水溶液和固体常被保存在棕色试剂瓶中。硝酸银易溶于水和乙醚,其水溶液呈现弱酸性。由于硝酸银溶液中游离着大量银离子,易于与某些物质发生氧化反应。硝酸银与有机物反应会生成银单质。

黑米色素属于黄酮花青苷类化合物。黄酮化合物因其苯环上存在邻二酚羟基,故抗氧化活性被大大增强。5,7 位羟基也有利于增强其氧化活性,易与过渡金属离子络合,且 7 位羟基结构使黄酮化合物具有较强的酸性,4 位羟基延长了共轭体系,这些化学结构都有效增强了黄酮化合物的抗氧化性。另外,羟基中氧原子的 p—π 共轭体系具有强烈的斥电子作用,这样就使黄酮化合物的抗氧化性更强。抗氧化活性与还原能力有着显著的相关性,抗氧化能力的强弱可以间接反映还原能力的大小,故黑米花色素苷具有极强的还原能力。硝酸银溶液电离出了银离子(Ag^+),其具有较强的氧化能力。当遇到黑米色素中的黄酮化合物时,通过单电子转移的方式,银离子被还原成银单质(Ag^0),生成棕黑色沉淀。

8.2 实验内容

8.2.1 实验材料及仪器

8.2.1.1 实验材料

黑米(五常市彩桥米业有限公司)。

8.2.1.2 实验药品及试剂

实验主要药品及试剂见表8-1。

表8-1 实验主要药品及试剂

药品	规格	生产厂家
硝酸银	AR	国药集团化学试剂有限公司
无水乙醇	AR	上海沃凯生物技术有限公司
冰醋酸	AR	国药集团化学试剂有限公司
氢氧化钠	AR	国药集团化学试剂有限公司

8.2.1.3 实验仪器设备

实验主要仪器设备见表8-2。

表8-2 实验主要仪器设备

仪器	型号	生产厂家
数显恒温水浴锅	HH-4	常州国华电器有限公司
电子天平	TP-A 200	德州华志科学仪器有限公司
台式扫描电镜	PW-100-012	上海新苗医疗器械制造有限公司
马尔文激光粒度仪	Nano-ZS90	英国马尔文 Malvern
立式高压蒸汽灭菌锅	LDZX-50KBS	上海申安医疗机厂
恒温培养振荡器	ZWY-240	上海智诚分析仪器制造有限公司
生化培养箱	SPX-8085-Ⅱ	上海新苗医疗器械制造有限公司
紫外—可见分光光度计	V-5600	上海元析仪器有限公司
傅里叶红外光谱仪	Tensor 27	德国布鲁克 BRUKER
电热鼓风干燥箱	DHG-9030A	上海一恒科学仪器有限公司

8.2.2　实验方法及步骤

8.2.2.1　黑米花色素苷的提取方法

本实验采用简单易行的乙醇法提取黑米花色素苷。在 100mL 锥形瓶中倒入已精准称取 5g 的黑米,再加入 50mL 75% 的乙醇溶液,避光,在 30℃下水浴 30min后,过滤,用 100mL 容量瓶定容。

8.2.2.2　硝酸银溶液的配制

分别精准称取 0.34g 和 0.26g 硝酸银,置于 250mL 锥形瓶中,加入 100mL 去离子水,搅拌,待硝酸银完全溶解后,得到 20mmol/L 和 15mmol/L 的硝酸银溶液。量取 50mL 20mmol/L 的硝酸银溶液,置于 250mL 锥形瓶,加入 50mL 去离子水稀释,得到 10mmol/L 的硝酸银溶液。同理,依次将 10mmol/L 的硝酸银溶液稀释 2 倍,得到 5mmol/L 的硝酸银溶液;将 5mmol/L 的硝酸银溶液稀释 5 倍,得到 1mmol/L的硝酸银溶液。

8.2.2.3　制备纳米银

量取 10mL 黑米花色素苷溶液于 250mL 锥形瓶中,倒入 10mL 硝银溶液,将 pH调至合适范围后,置于水浴锅中,反应一段时间后拿出,观察溶液颜色从紫红色变至紫黑色或黑色,即有纳米银生成。

8.2.2.4　制备纳米银的绿色工艺探讨

(1)硝酸银的浓度对纳米银的影响。从容量瓶中分别量取 5 份 10mL 黑米花色素苷溶液,倒入 250mL 锥形瓶中,再分别置入 10mL 的 1mmol/L、5mmol/L、10mmol/L、15mmol/L、20mmol/L 硝酸银,使用 1mol/L 氢氧化钠将 pH 均调至 11,在80℃中水浴反应 30min。

(2)反应温度对纳米银的影响。从容量瓶中分别量取 5 份 10mL 黑米花色素苷溶液,倒入 250mL 锥形瓶,再分别倒入 10mL 1mmol/L 硝酸银,使用 1mol/L 的氢氧化钠将 pH 调至 11,将配制好的溶液分别放入 40℃、50℃、60℃、70℃、80℃的水浴中,反应 30min。

(3)酸碱性对纳米银的影响。从容量瓶中分别量取 5 份 10mL 黑米花色素苷溶液,倒入 250mL 锥形瓶,再分别倒入 10mL 1mmol/L 硝酸银,使用 1mol/L 的氢氧化钠和纯冰醋酸将黑米花色素苷和硝酸银的混合溶液的 pH 分别调至 3、5、7、9、11,将配制好的溶液置于 80℃的水浴中,反应 30min。

(4)反应时间对纳米银的影响。从容量瓶中分别量取 5 份 10mL 黑米花色素苷溶液,倒入 250mL 锥形瓶,再分别倒入 10mL 的 1mmol/L 硝酸银,使用 1mol/L 的氢氧化钠将 pH 调至 11,将配制好的溶液置于 80℃的水浴中,分别反应 10min、

30min、60min、120min、180min。

8.2.2.5 黑米纳米银溶液的表征

（1）黑米纳米银溶液的紫外吸收光谱测试。用滴管吸取待测样品,滴入比色皿约2/3处,用擦拭纸擦掉光面的污渍,放入光谱仪中测试吸光度。若最大吸光度大于1,则需稀释待测样品,直至最大吸光度小于1,测试波长为350～1000nm。

（2）黑米纳米银溶液的粒径测试。用滴管吸取待测样品,尽量避免气泡,滴入比色皿约2/3处,约4mL,用擦拭纸擦掉光面的污渍,接触比色皿对角,放入粒度仪中,盖上盖子,测试粒径。

（3）黑米纳米银溶液的红外吸收光谱测试。称取0.5g黑米纳米银沉淀试样放置于研钵中,再加入约50g纯溴化钾固体,充分研磨直至样品变成粉末状。将研磨好的样品置于磨具中,用110Pa压力在油压机上压成透明薄片,观察透明薄片上无孔洞后,即可放入仪器中测定。

8.2.2.6 纳米银晶体特性的测定

从容量瓶中量取50mL黑米花色素苷溶液于250mL锥形瓶,倒入50mL 20mmol/L的硝酸银溶液,将pH调至11。将配制好的溶液置于80℃的水浴中,反应30min,过滤,烘干,得到纳米银沉淀。取一小块纳米银沉淀贴在电镜盘上,面积为2mm×2mm,进行喷金处理,将样品放入观测机器中,关闭舱门,在计算机上对待测样品进行观测。

8.2.2.7 纳米银抗菌性能的测定

本次实验采用两个具有代表性的菌种,大肠杆菌(*Escherichia coli*)和金黄色葡萄球菌(*Staphylococcus aureus*)作为测试菌种。参考美国标准AATCC《纺织材料抗真菌性的评定:纺织材料的防霉防腐性》中的琼脂平板法进行测试,使用扩散法定性分析来表征试样的抗菌性能,通过抑菌圈的面积大小来评估试样的抗菌性能。

（1）准备试样。剪4块棉织物,将其中3块分别置于100mL的黑米花色素苷溶液、100mL 1mmol/L的硝酸银溶液和100mL纳米银溶液(50mL黑米花色素苷溶液和50mL 1mmol/L硝酸银溶液反应制得),待织物完全浸入溶液,放于80℃的水浴中,反应30min,烘干。将4块织物剪成硬币大小的圆片,贴上标签,用塑料袋装好,放入灭菌锅灭菌。

（2）配制琼脂。精确称取1g牛肉粉、1.6g蛋白胨、3g琼脂,于200mL去离子水中,用玻璃棒搅拌,直至完全溶解,放入灭菌锅灭菌。配制营养肉汤则无须在其中添加琼脂。

（3）活化菌种。取出琼脂,放入水浴锅中使其完全熔化,分别倒入两个表面皿,静置30min,待其完全凝固后,取少许原始菌种于培养皿上,用十字法和Z字法画线,培养 18～24h。

（4）培养菌液。分别量取 20mL 营养肉汤于试管中,取一小块二代菌种中培育较好的菌落放于营养肉汤,振荡,放入恒温振荡箱中培育 18～24h。

（5）涂盘。将琼脂放于水浴锅中加热至熔化,分别倒入两个表面皿中,静置30min,待其完全凝固。从恒温振荡箱中取出菌液,摇匀(使菌种均匀分散在营养肉汤中),用移液枪取 0.2mL 细菌菌液于培养皿中,均匀铺开,放入要测试的布样,培育 18～24h。观察是否出现抑菌圈以及抑菌圈的大小,拍照记录。

8.3　实验结果与分析

8.3.1　硝酸银浓度对纳米银的影响

硝酸银浓度对合成黑米纳米银起着至关重要的作用,对合成的纳米银形态和大小有巨大影响,因此本次实验首先讨论了不同硝酸银浓度条件下黑米纳米银的制备情况。

本次制备工艺条件设定的硝酸银浓度分别为 1mmol/L、5mmol/L、10mmol/L、15mmol/L、20mmol/L,硝酸银体积为 10mL,其他实验条件为 10mL 黑米花色素苷溶液,溶液 pH 为 11,于 80℃下水浴加热,反应 30min。反应后各溶液颜色变化如图 8-1 所示。从图 8-1 可以看出随着硝酸银浓度的升高,溶液颜色逐渐变深,直至产生沉淀。硝酸银浓度为 1mmol/L 的溶液呈现棕黄色(黑米花色素苷原液颜色为紫色),可见产生少量纳米银;硝酸银浓度为 5mmol/L 的溶液呈现黑色,溶液较为黏稠,产生了大量的纳米银;硝酸银浓度为 10mmol/L 的溶液较为混浊,清液透露出茶褐色,纳米银浓度进一步升高,超出了饱和度,产生少量纳米银沉淀;硝酸银浓度为 15mmol/L 的溶液已经形成明显沉淀,上层清液呈现灰棕色,可见还有少许纳米银没有析出;硝酸银浓度为 20mmol/L 的溶液也已产生明显沉淀,沉淀吸附性较好,附在试管壁上不会轻易脱落,清液为透明色,表明溶液中的纳米银已全部析出。

为了探究清楚各溶液中产生的物质是否是纳米银,使用可见分光光度计测量各个硝酸银浓度制备的黑米纳米银溶液,得到了反应后的各溶液紫外—可见吸收光谱,测得结果如图 8-2 所示。

从图 8-2 中可以看出,前四种纳米银粒子的紫外—可见吸收光谱的 SPR 吸收峰对应的波长依次为 408nm(1mmol/L)、402nm(5mmol/L)、401nm（10mmol/L）和

图8-1　不同硝酸银浓度条件下制备的黑米纳米银溶液的颜色变化图

（从左至右硝酸银浓度依次是1mmol/L、5mmol/L、10mmol/L、15mmol/L、20mmol/L）

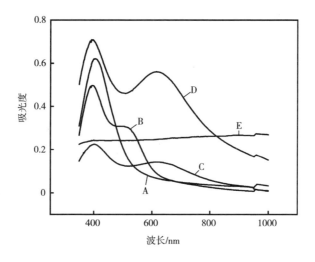

图8-2　不同硝酸银浓度条件下制备的黑米纳米银溶液的紫外—可见吸收光谱曲线

A—1mmol/L　B—5mmol/L　C—10mmol/L　D—15mmol/L　E—20mmol/L

398nm(15mmol/L)。除了硝酸银浓度为20mmol/L的溶液，其他硝酸银浓度溶液的紫外—可见吸收光谱的SPR吸收峰对应的波长均在390~410nm的范围以内，说明在硝酸银浓度为1mmol/L、5mmol/L、10mmol/L、15mmol/L的情况下，溶液都成功制备出了纳米银。由此可见，随着硝酸银浓度的增加，黑米纳米银粒子的SPR吸收峰发生了蓝移现象。同时，从图8-2中也可以看出，当硝酸银浓度大于

5mmol/L 时,硝酸银浓度对黑米纳米银粒子的 SPR 吸收峰的影响不大;当硝酸银浓度小于 5mmol/L 时,硝酸银浓度对黑米纳米银粒子的 SPR 吸收峰的影响较大,升高浓度可以使 SPR 吸收峰对应的波长降低。

而硝酸银浓度为 20mmol/L 的溶液的紫外—可见吸收光谱图中并未出现任何吸收峰,也许是因为所产生的黑米纳米银粒子已尽数析出形成沉淀,溶液中仅存在微量黑米纳米银粒子,仪器不足以测出其 SPR 吸收峰。

为了深入探究硝酸银浓度对黑米纳米银粒子制备的影响,使用马尔文激光粒度仪分别测量了五种黑米纳米银溶液的平均粒径,所测结果如图 8 – 3 所示。从图 8 – 3 中可以看出,硝酸银浓度的升高对黑米纳米银粒子的平均粒径产生了一定程度的影响。五种黑米纳米银粒子的平均粒子为 2313nm(1mmol/L)、60. 2nm(5mmol/L)、97. 7nm(10mmol/L)、113. 25nm(15mmol/L)、4755nm(20mmol/L),从图 8 – 3 中可以看出硝酸银浓度在 5 ~ 10mmol/L 的范围内制备出的纳米银粒子粒径较理想(小于 100nm)。硝酸银浓度在 1 ~ 5mmol/L 范围内以及硝酸银浓度大于 15mmol/L 时,制备出来的纳米银粒子粒径较大。

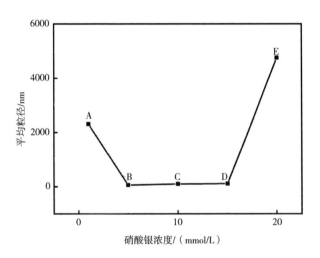

图 8 – 3　不同硝酸银浓度条件下制备的黑米纳米银粒子的平均粒径趋势图

A—1mmol/L　B—5mmol/L　C—10mmol/L　D—15mmol/L　E—20mmol/L

8.3.2　反应温度对纳米银的影响

反应温度对合成黑米纳米银起着至关重要的作用,对合成的纳米银形态和大小有着巨大影响,因此本次实验讨论了不同反应温度条件下黑米纳米银的制备情况。本次实验采用的反应温度为 40℃、50℃、60℃、70℃、80℃,其余实验条件为

10mL 固定黑米花色素苷溶液浓度,10mL 1mmol/L 的硝酸银,溶液的 pH 为 11,水浴加热,反应 30min,反应后的各个溶液的紫外—可见吸收光谱曲线如图 8 - 4 所示。

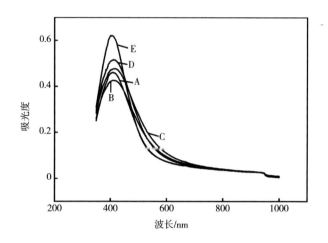

图8-4　不同反应温度条件下制备的黑米纳米银溶液的紫外—可见吸收光谱曲线
A—40℃　B—50℃　C—60℃　D—70℃　E—80℃

由图 8 - 4 可知,五种纳米银粒子的紫外—可见吸收光谱的 SPR 吸收峰对应的波长依次为 411nm(40℃)、410nm(50℃)、417nm(60℃)、411nm(70℃)和 401nm(80℃)。各溶液均在 400~420nm 的范围内出现了 SPR 吸收峰,说明当反应温度在 40~80℃时,黑米花色素苷与硝酸银反应都能制备出纳米银。随着反应温度的升高,黑米纳米银粒子的 SPR 吸收峰发生了转移现象。当反应温度在 40~70℃时,反应温度的高低对黑米纳米银粒子的 SPR 吸收峰几乎无影响(由于反应温度为 40℃、50℃和 70℃的黑米纳米银粒子的 SPR 吸收峰几乎无变化,反应温度为 60℃的黑米纳米银粒子的 SPR 吸收峰应为测量误差);当反应温度大于 70℃时,温度升高会使纳米银粒子的 SPR 吸收峰对应的波长降低。

为了进一步探究反应温度对制备黑米纳米银粒子的影响,测量了各个反应温度条件下制备的黑米纳米银溶液的粒径分布图,所测结果如图 8 - 5 所示。从图 8 - 5 中可以看出,各个反应温度条件下制备的黑米纳米银溶液的平均粒径分别为 55.13nm(40℃)、61.46nm(50℃)、41.15nm(60℃)、77.07nm(70℃)、2313nm(80℃)。从粒径分布图还可以看出,当反应温度处于 40~70℃的范围时,制备所得的黑米纳米银溶液的平均粒径均小于 100nm,并随着温度的升高逐渐向 100nm 附近转移;当反应温度大于 70℃时,制备所得的黑米纳米银溶液的粒径急剧增大,甚至超过 100nm。与此同时,随着反应温度的升高,黑米纳米银的 PDI 值也随之增大。可见,升高反应温度会使纳米银粒子产生一定程度的聚集,从而增大其粒径。当超过一定温度后,其粒径增长的幅度会剧增。因此,要获取粒径小于 100nm 的纳米银,就要将温度控制在 70℃ 以下。

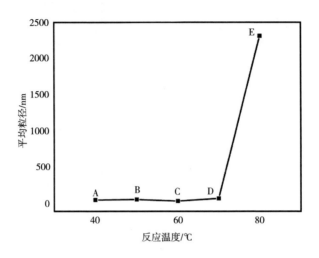

图 8-5　不同反应温度条件下制备的黑米纳米银溶液的粒径分布图
A—40℃　B—50℃　C—60℃　D—70℃　E—80℃

8.3.3　酸碱性对纳米银的影响

酸碱性对合成黑米纳米银起着至关重要的作用,对合成的纳米银形态和大小有着巨大影响,因此本次实验讨论了不同 pH 条件下黑米纳米银的制备情况。

本实验设定的 pH 依次是 3、5、7、9、11,其他制备条件分别是:10mL 固定黑米花色素苷溶液浓度,10mL 1mmol/L 的硝酸银,80℃ 下水浴加热,反应 30min。反应完成后各溶液的颜色变化如图 8-6 所示。从图 8-6 中可以看出,随着 pH 的升高,黑米纳米银溶液的颜色从淡粉色逐渐向棕红色变化。当 pH 为 3 时,黑米纳米银溶液的颜色为粉色;当 pH 为 5 时,黑米纳米银溶液的颜色为浅粉色;当 pH 为 7 时,黑米纳米银溶液的颜色为茶褐色;当 pH 为 9 时,黑米纳米银溶液的颜色为棕色;当 pH 为 11 时,黑米纳米银溶液的颜色为棕红色。(黑米花色素苷原液为紫色)可见,酸碱性可以改变黑米纳米银溶液的颜色。

为了探究不同酸碱性的反应条件下,溶液中是否出现了纳米银,测量了不同 pH 条件下制备的黑米纳米银溶液的紫外—可见吸收光谱曲线,如图 8-7 所示。

由图 8-7 可以看出,五种黑米纳米银粒子的 SPR 吸收峰分别对应的波长为:

图 8-6　不同 pH 条件下制备的黑米纳米银溶液的颜色变化图

（从左至右依次是 pH=3、pH=5、pH=7、pH=9、pH=11）

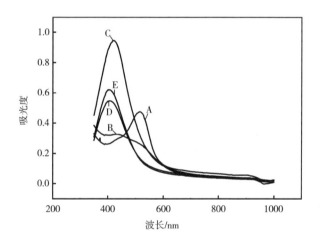

图 8-7　不同 pH 条件下制备的黑米纳米银溶液的紫外—可见吸收光谱曲线

A—pH=3　B—pH=5　C—pH=7　D—pH=9　E—pH=11

516nm（pH 为 3）、431nm（pH 为 5）、421nm（pH 为 7）、407nm（pH 为 9）、401nm（pH
为 11）。pH 为 7、9 和 11 的黑米纳米银溶液均在 400~420nm 范围出现了吸收峰，
而 pH 为 3 和 5 的黑米纳米溶液在 410nm 左右并未出现吸收峰，说明在中性和碱
性的反应条件下制备出纳米银，而酸性的反应条件下并未制备出纳米银。由此可
见，随着 pH 的增加，黑米纳米银粒子的 SPR 吸收峰发生了蓝移现象，SPR 吸收峰
所对应的波长逐渐变短。当 pH<9 时，黑米纳米银溶液的 SPR 吸收峰变化幅度较

大;当 pH > 9 时,黑米纳米银溶液的 SPR 吸收峰变化幅度较小。因此碱性环境适于制备纳米银。

为了进一步探究酸碱性对黑米纳米银溶液的影响,测量了不同 pH 条件下制备的黑米纳米银溶液的粒径分布情况,如图 8-8 所示。

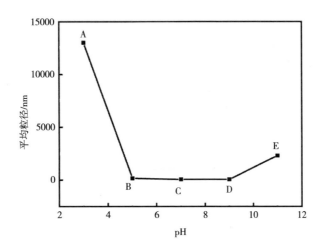

图 8-8　不同 pH 条件下制备的黑米纳米银溶液的粒径分布图

A—pH = 3　B—pH = 5　C—pH = 7　D—pH = 9　E—pH = 11

从图 8-8 中可以看出,随着 pH 的升高,黑米纳米银溶液的粒径分布和平均粒径发生了一定程度的改变。各个 pH 条件下制备的黑米纳米银溶液的平均粒径分别为 13000nm(pH 为 3)、160.6nm(pH 为 5)、57.13nm(pH 为 7)、61.84nm(pH 为 9)、2313nm(pH 为 11)。从粒径分布图中还可以看出,当 pH 为 3 时,溶液中存在粒径巨大的物质,已知此溶液中不存在纳米银粒子,故这些物质也许是未溶的硝酸银粒子。当 pH 为 5 时,溶液中也不存在纳米银粒子,但溶液中存在的物质的粒径急剧减小,可见 pH 的升高可以促使黑米花色素苷和硝酸银反应。当 pH 进一步增大,达到 9 时,溶液中已存在纳米银粒子,制备得到的纳米银粒子的粒径均小于100nm。当 pH 达到 11 时,溶液中的纳米银粒子的粒径又急剧增大。因此,将 pH 调至碱性有利于促进黑米花色素苷和硝酸银的反应,也会在一定程度上增大纳米银的粒径。

8.3.4　反应时间对纳米银的影响

反应时间对合成黑米纳米银起着至关重要的作用,对合成的纳米银形态和大小有着巨大影响,因此本次实验讨论了不同反应时间条件下黑米纳米银的制备情况。本次实验设定的反应时间分别为 10min、30min、60min、120min 和 180min,其他反应条件为 10mL 固定黑米花色素苷溶液浓度,10mL 1mmol/L 的硝酸银,溶液的 pH 为 11,80℃下水浴加热。反应后,各个溶液的紫外—可见吸收光谱曲线如图 8-9 所示。

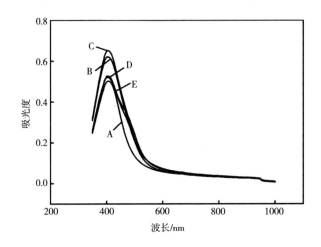

图 8-9 不同反应时间条件下制备的黑米纳米银溶液的紫外—可见吸收光谱曲线

A—10min B—30min C—60min D—120min E—180min

由图 8-9 可以看出,五种黑米纳米银粒子的 SPR 吸收峰分别对应的波长为 406nm(10min)、401nm(30min)、405nm(60min)、405nm(120min)、404nm(180min)。在反应时间为 10min、30min、60min、120min、180min 的条件下制备的黑米纳米银溶液均在 400~410nm 范围内出现了吸收峰,说明这些溶液都成功制备出了纳米银。反应时间逐渐延长,各溶液的 SPR 吸收峰所对应的波长却并无明显变化,说明反应时间对能否制备出纳米银几乎没有影响,无论反应多久,黑米花色素苷和硝酸银都会生成纳米银。

为了进一步探究反应时间对黑米纳米银溶液的影响,测量了不同反应时间条件下制备的黑米纳米银溶液的粒径分布,如图 8-10 所示。

从图 8-10 中可以看出,各个反应时间条件下制备的黑米纳米银溶液的平均粒径分别为 98.08nm(10min)、2313nm(30min)、147.1nm(60min)、108.5nm(120min)、82.16nm(180min)。从粒径分布图中还可以看出,除了反应时间为 30min 的黑米纳米银溶液,其余的黑米纳米银溶液的平均粒径均在 100nm 左右。反应时间为 10min 和 180min 的黑米纳米银溶液的平均粒径小于 100nm,而反应时间为 60min 和 120min 的黑米纳米银溶液的平均粒径则大于 100nm。当反应时间

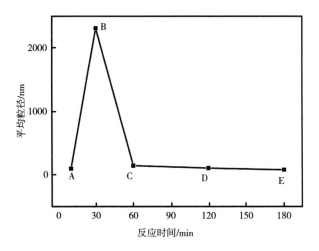

图 8 - 10　不同反应时间条件下制备的黑米纳米银溶液的粒径分布图

A—10min　B—30min　C—60min　D—120min　E—180min

在 10min 左右时,黑米纳米银溶液的 PDI 值较小;当反应时间在 30～180min 的范围内时,黑米纳米银溶液的 PDI 值并无明显变化。可见,10min 的反应时间并不能使黑米花色素苷和硝酸银完全反应,且当反应时间超过 30min 时,反应时间对纳米银的 PDI 值几乎没有影响。

8.3.5　纳米银的理化性质

8.3.5.1　纳米银的紫外—可见吸收光谱

为了探究黑米花色素苷溶液中是否也含有 410nm 附近的峰值,使用紫外—可见分光光度计测量纳米银溶液和黑米花色素苷溶液的紫外—可见吸收光谱曲线,测量结果如图 8 - 11 所示。

从图 8 - 11 中可以看出,纳米银溶液的 SPR 吸收峰所对应的波长为 401nm。根据文献可知,纳米银的特征吸收峰主要在 410nm 左右。而黑米花色素苷溶液在 410nm 附近并没有吸收峰,说明黑米花色素苷溶液中并不存在 410nm 的吸收峰,证明了黑米花色苷与硝酸银反应生成的物质确实是纳米银。

8.3.5.2　纳米银的红外吸收光谱

使用傅里叶红外光谱仪测量黑米纳米银溶液的沉淀物的官能团,以识别沉淀中所包含的物质,其红外光谱图如图 8 - 12 所示。

从图 8 - 12 可以看出,在黑米纳米银溶液沉淀的红外光谱图中,$3591cm^{-1}$ 处应为 O—H 的伸缩振动吸收;$1387cm^{-1}$ 处强烈的吸收峰应为—CH_3 的对称变角或 C—H 的弯曲振动。由此可见,沉淀中应该含有醇类物质。由于提取黑米花色素苷采用

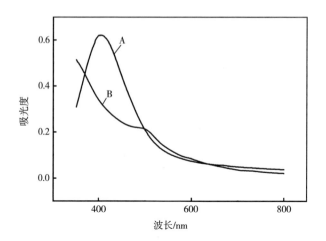

图8-11 黑米花色素苷溶液和纳米银溶液的紫外—可见吸收光谱曲线

A—纳米银溶液 B—黑米花色素苷溶液

的是乙醇法,以及清洗研钵时,乙醇溶液或许不纯,导致研钵内还残存着微量乙醇,此醇类物质可能为乙醇。

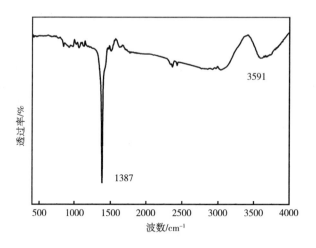

图8-12 黑米纳米银溶液沉淀的红外光谱图

8.3.5.3 纳米银的扫描电镜图

使用扫描电镜表征黑米纳米银溶液沉淀的大小和形态,所测结果如图8-13所示。

从图8-13中可以看出,经过过滤烘干后得到的沉淀中存在许多亮白色的物质,即为纳米银。但随着放大倍数的增长,沉淀中同时也存在一些黑色不明物质,

图 8-13　纳米银的扫描电镜图

纳米银不均匀地附着在其表面。根据前面红外吸收光谱的测量结果可知,这种黑色的不明物质可能是某醇类物质。也可能是实验操作中的误差,刮取沉淀时,由于沉淀吸附性极强,可能微量纸屑被沉淀包裹着被刮下。

8.3.5.4　纳米银的抗菌性能

根据文献可知,纳米银具有抗菌性能,为了测量纳米银的抗菌能力以及经黑米纳米银处理过的织物是否具有抗菌特性,本实验选用了两种常见的菌种,大肠杆菌和金黄色葡萄球菌来测试原布、黑米花色素苷处理过的织物、硝酸银处理过的织物和黑米纳米银处理过的织物的抗菌性能,实验所得结果如图 8-14 所示。

从图 8-14 中可以看出,原布、黑米花色素苷上染过的织物和经硝酸银溶液浸泡过的织物均在大肠杆菌和金黄色葡萄球菌的培养皿中未看到抑菌圈,说明原布、黑米花色素苷和硝酸银并不具备任何抗菌性能。而黑米纳米银上染过的织物在大肠杆菌和金黄色葡萄球菌的培养皿中均有明显的抑菌圈,证明了纳米银确实有抗菌性能。而且大肠杆菌的抑菌圈比金黄色葡萄球菌更为明显,形状也更为规则,面积也更大,说明了纳米银对大肠杆菌的抑制作用优于金黄色葡萄球菌。造成这种

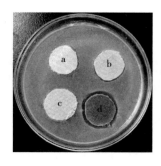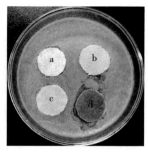

图8-14　整理后织物的抗菌性能

a—未经处理的织物　b—黑米花色素苷上染过的织物　c—经硝酸银溶液浸泡过的织物

d—黑米纳米银溶液上染过的织物

现象的原样可能是大肠杆菌细胞壁上肽聚糖的含量比金黄色葡萄球菌的少,因此大肠杆菌的细胞壁比金黄色葡萄球菌的薄,导致容易被纳米银入侵细胞,继而窒息死亡。

8.4　小结

(1)用黑米花色素苷还原硝酸银生成纳米银的方案切实可行,合成出的纳米银粒径小于100nm,抗菌效果优良。

(2)用黑米花色素苷制备纳米银的过程中,最佳工艺的条件为:硝酸银浓度5mmol/L,反应温度60℃,pH 7,反应时间180min。

(3)20mmol/L硝酸银与黑米反应生成的黑色沉淀中除了含有金属纳米银,还含有某醇类物质。

(4)硝酸银与黑米花色素苷制成的纳米银对大肠杆菌的抑制效果比对金黄色葡萄球菌的更强。

参考文献

[1]BHATTACHARYA K R. Rice Quality:A Guide to Rice Properties And analysis [M]. Sawston:Woodhead Publishing Limited,2011.

[2]熊艳珍,黄紫萱,马慧琴,等. 黑米的营养功能及综合利用研究进展[J]. 食品工业科技,2021,42(7):408-415.

[3]KRÄUTLER B,ARIGONI D,GOLDING B T. Vitamin B and B - Proteins[M]. Germany:Wiley - VCH Verlag GmbH,2007:3 - 43.

[4]NOMI Y,IWASAKI - KURASHIGE K,MATSUMOTO H. Therapeutic Effects of Anthocyanin for Vision and Eye Health[J]. Molecules,2019,24(18):3311.

[5]ITO V G,LACERDA L G. Black rice (*Oryza sativa* L.):A Review of Its Historical Aspects,Chemical Composition,Nutritional and Functional Properties, and Applications and Processing Technologies[J]. Food Chemistry,2019,301: 125304.

[6]TAI LINYU,HUANG SHIYU,ZHAO ZHENGWU,et al. Chemical Composition Analysis and Antioxidant Activity of Black rice Pigment[J]. Chemical Biology & Drug Design,2020,97(3):711 - 720.

[7]黎杰强,朱碧岩. 特种稻米营养分析[J]. 华南师范大学学报,2005 (1):95 - 98.

[8]赵磊,潘飞,周娜,等. 提高黑米花色苷颜色稳定性辅色剂的筛选及其作用机制[J]. 食品科学,2021,42(14):16 - 23.

[9]要萍,于金侠. 功能性黑色食品的研究与开发[J]. 粮油食品科技,2010, 18(1):10 - 12.

[10]马先红,许海侠,刘洋. 黑米发酵食品研究进展[J]. 食品工业,2016,37 (10):233 - 236.

[11]隋新,吕进义,李盛,等. 黑米饮品的研究进展[J]. 保鲜与加工,2017,17 (3):129 - 13.

[12]李雯,韩惠敏,赵天煜,等. 黑米花青苷复方软胶囊生产工艺研究[J]. 现代食品,2018,4(7):149 - 152.

[13]赵权,王军. 黑米花色素苷提取工艺的研究[J]. 安徽农业科学,2009,37 (3):920 - 921.

[14]吕玥,雷钧涛. 浸提法提取黑米色素工艺研究[J]. 吉林医药学院学报, 2018,39(6):433 - 435.

[15]张名位,郭宝江,池建伟,等. 黑米皮抗氧化活性物质的提取与分离工艺研究[J]. 农业工程学报,2005,21(6):135 - 139.

[16]王学增,王景晨,王亚雷,等. 碱溶酸沉法提取黑米天然色素的研究[J]. 信阳师范学院学报(自然科学版),1995,4(8):392 - 395.

[17]王晖. 微波辅助提取黑米黑色素影响因素研究[J]. 广东农业科学, 2013,7:92 - 94.

[18]SABYASACHI GHOSH,SAYAN GANGULY,POUSHALI DAS,et al. Fabrication of Reduced Graphene Oxide/Silver Nanoparticles Decorated Conductive Cotton Fabric for High Performing Electromagnetic Interference Shielding and Anti-bacterial Application[J]. Fibers and Polymers,2019,20(6):1161－1171.

[19]曾雪敏. 纳米银/PLGA(聚乳酸——羟基乙酸共聚物)在钛种植体表面增强抗菌性和骨诱导性的研究[D]. 济南:山东大学,2006.

[20]RAKIĆ, A D,DJURIŠIĆ, AB,ELAZAR J ,et al. Optical Properties of Metallic Films for Vertical－cavity Optoelectronic Devices[J]. Applied Optics,1998,37 (22):5271－5283.

[21]唐学红,肖先举. 纳米银的制备研究进展[J]. 贵州化工,2009,34:21－23.

[22]周国凤,汤京龙,奚廷斐,等. 纳米银诱导细胞凋亡的研究与进展[J]. 中国组织工程研究与临床康复,2009,13:8314－8318.

[23]ASHARANI D,GRACE LOW KAH MUN,MANOOR PRAKASH HANDE,et al. Cytotoxicity and Genotoxicity of Silver Nanoparticles in Human Cells[J]. ACS Nano,2009,3(2):279－290.

[24]曲晨,刘伟,荣海钦,等. 纳米银的生物学特性及其潜在毒性的研究进展 [J]. 环境与健康杂志,2010,27(9):842－845.

[25]SOLOMON S D,BAHADORY M,RUTKOWSKY S A. Synthesis and Study of Silver Nanoparticles[J]. J. Chem. Edu. ,2007,84(2):322－324.

第9章　黑米色素纳米银功能化棉织物的制备与性能

9.1　概述

9.1.1　功能织物

随着信息技术、生物工程、纳米技术和材料科学等相关学科迅速进步和发展，给人们日常生产生活带来了深远的影响。特别是对材料科学技术领域中的纺织材料的应用要求，由原来的保暖避寒、遮体避丑以及装饰美化等功能，到现在人们都希望自己所穿着的服装具有其他传统纺织材料不可能具备的特点，比如它们具有抗紫外线、抗菌防臭、拒水阻挡油、防皱免烫等特殊功效，这类纺织材料被称为多功能性织物。多年来，经过专业科技人员不断地对纺织产品和服装进行开发、研究、探索，功能化纺织品已经被广泛应用于各个领域，人们对其要求也越来越多，已经逐渐成为科研工作的一个重要热点。

9.1.2　抗菌织物

在漫长的历史进程中，自然界出现了各种各样的微生物，其中包含病毒、细菌、藻类以及真菌等。人类生活在这种环境下，每时每刻都在遭遇不同微生物的侵袭，而且有不少微生物是对人类的身体有害。而且很多纺织品是直接与人体接触，这就造成了纺织品成为病菌与人类接触的一个中介，所以人们与微生物接触成为一件不可避免的事情。而且在一般情况下，人们就算接触到病毒，也不能立刻感觉到，只有在某些条件下，例如当人体的皮肤有伤口或者抵抗力下降时，此时这些病毒会比较容易侵入人体，在体内进行繁殖，并通过皮肤、消化道、呼吸道以及血液破坏人体的第一道防线，来威胁人类的健康和生命安全。伴随着我国科学技术的不断发展与进步，人们对于健康环保这方面的意识也在不断进步，在注重服装外观、舒适度的同时，也会对服装的卫生保健功能提出要求。目前，能够使人类少受甚至免受细菌侵袭的有效途径，就是生产出具有抗菌性能的纺织品。

9.1.2.1 抗菌材料的国内外发展概况

人类使用抗菌织物的历史渊源,可以回顾到古埃及,大约在 4000 年前,埃及人为了保存木乃伊,就把尸体放入浸渍液中,通过这种方式来防止它腐蚀。在世界上古代文明发达的国家印度、埃及、巴比伦与中国都把香料作为防腐材料。古希腊人知道只要在船底钉一块铜片,就能够有效地减少因为微生物而导致水管引起锈蚀。在第一次世界大战中,丹麦科学家发现了那些被感染病原体毒气的受害者遭遇重伤时,患者的伤口全都不至于化脓,从而为他们制备这种杀菌药物的技术创造了条件。第二次世界大战期间,德国陆军和美国部队在他们的军服上整理了一种季铵盐型的杀菌药物,此后伤员伤口的感染率大幅降低,从此拉开了科技人员研发抗菌整理剂的序幕。

日本是在研发抗菌物质领域先获得了显著的成果,并带来了一系列的产品。1980 年,日本就开始了研发关于银的抗菌剂并应用于各个领域,并取得了不错的成绩。之后就推出了一系列抗菌剂,1991 ~ 1995 年,这个时期抗菌研究在日本迅速发展,短短几年就有 100 多家企业参与生产抗菌系列的产品。欧美国家的研究进程远比日本落后,最初主要是研究抗菌剂,后来才发展为日用品、玩具等。

我国在抗菌剂这个方面的发展也相对滞后,但是在近十几年来,我国在探索无机抗菌剂方面也卓有成效,掌握了不少合成纳米抗菌剂的方法。大约在 1997 年前后,海尔集团与中国科学院研究所合作,共同推出了一系列的抗菌产品,为我国在抗菌领域的发展做出了巨大的贡献。后来,为了响应政府的号召,高校、科研机构与大批企业密切合作,各种抗菌产品纷纷被研发出来。

现在,顺应时代的潮流,人们越来越注重所使用产品的安全性能,持久、高效、广谱、安全型抗菌产品已经成为科研人员和企业开发的重点。

9.1.2.2 抗菌原理

目前,越来越多的抗菌剂被研发出来,它们的抗菌原理也不一样。根据种类的不同,主要可以分为以下两类。

(1)天然抗菌。主要是指从天然物质中提取出来的抗菌物质。在大自然中,从很多植物中都可以提取出这种天然的抗菌物质,这种物质在人们的生产和使用过程中,显著的优点就是绿色,不会产生任何污染,其次是生物之间能够相互容纳,不会带来任何危害,很安全。在人们的日常生活中比较普遍的天然抗菌药物有氨基葡萄苷、壳聚糖等。它们的主要抗菌机理也就是这些有机物或能够直接影响新的细菌细胞合成新的蛋白质,导致真菌细胞分裂死亡;或是细菌能够吸附并且附着在细胞壁上,阻截真菌细胞分裂和再分化。这类抗菌药物在抗菌方面是有限的,做不到长效,且耐热性差,遇高温就会分解。

（2）无机盐离子抗菌。此类抗菌剂比较常见的是银离子、铜离子、铝离子等，其中银离子的应用最为广泛，且其抗菌作用效果也最好。这些金属离子可能会直接破坏细菌的遗传物质 DNA、RNA，或者与生物体内的某些蛋白质发生反应而影响细菌和人体内部某些的蛋白质正常合成，导致人体细胞在生长和发育过程中受到阻碍而最终导致死亡。此类抗菌药物最大的优势之一就是它们的稳定性好，耐高热度。

9.1.2.3　抗菌织物的制备

目前为止，想要制备生产出具有抗菌功能纺织品，主要有原液改良法和后整理法。

原液改良法又分为离子交换法、熔融纺丝法、复合纺丝法、接枝法和湿纺法。

后整理法是指将纺织物放入含有抗菌化学物质的树脂或者溶液中，通过浸渍、涂层、喷涂或者浸轧等方法，整理到棉织物上。一般情况下，是在织物染整加工的最后一步对织物面料进行染色处理，或者在成品制成之后进行处理。一般常用的方法主要有微胶囊法、表面处理涂层法、树脂整理法等。

这两种制备方法中，第一种方法所制备出的织物在抗菌方面表现出很好的抗菌性，耐洗性也比较好，但是在制备的过程中会面临各种各样的问题，过程繁杂，而且所使用的抗菌剂也需要严格要求；第二种制备方法的加工过程与第一种相比，就简单了许多，这就导致所得到的织物耐洗性和抗菌性比较差。当前在我国市场上的各种抗菌棉纺织物，大多数都是经过后整理加工。当然也把两种整理方法结合在一起进行使用的，即先经过原液改良的方法制作而成具有抗菌性的物质，再通过使用其他抗菌剂对其进行后整理，这样能够使织物的耐洗性和抗菌性得到一定的改善。

9.1.3　纳米银的制备及应用

9.1.3.1　纳米银概述

纳米银是一种粒径小于 100nm 的粉末状银单质，在除了具备纳米银的全部物理和化学属性外，还具备单质银的一些先进物理和化学属性。例如，量子尺寸效应、表面效应、体积效应等；而且因为它的纳米银颗粒的比表面积要大得多，这样的表面效果也大幅提高了纳米银的耐腐蚀性。纳米银是一种化学新型材料，广泛地被应用于催化剂原材料、光学、电子、生物医学、纺织等诸多工业技术领域，特别重要的一点是由于它高效、无毒、安全、耐热和抗菌等性能，经常会被用来加工制备抗菌整理剂，这类抗菌剂具有环境适应性强、抗菌整理效果稳定持久、无抗药性等特点，在抗菌整理这个领域的研发和推广中已经占据了主导地位。

如今纳米技术的发展越来越迅速,当银在纳米状态下,杀菌能力大幅提高,很少的纳米银即能够具有很强的生物杀菌作用,在极短的使用时间里就已经能够杀死600多种有害细菌,具备极强的生物抗菌消毒能力。据研究人员发现,纳米银对真菌、螺旋杆菌、大肠杆菌、金黄色葡萄球菌等都具有很好的免疫抑制和杀灭效果。现阶段,还是尚未能对这种纳米银的抗菌机理给予成熟的科学解释,但是广泛认可的有以下几种杀菌方式:一是,纳米银与人体内细菌中的蛋白质和酶相互结合,导致这些酶失去活性,即可达到了杀菌的目标;二是,纳米银可以通过破坏人体内细菌组织的细胞膜,会直接导致人体的细胞发育产生畸形而造成破损;三是,纳米银的比表面积很大,一般在溶液中会直接电离出银离子,从而达到抗菌的效果。

9.1.3.2 纳米银的制备方法

目前,已研究出能够降低工艺成本、高效、简单的纳米银粒子,并且能够工业化生产,是纳米银研究方向的一个重点内容。当前,想要制备出纳米银粒子,主要有物理、化学、生物三种方法。物理制备方法主要有溅射镀、真空蒸镀、离子镀等。化学制备方法主要有氧化还原法、电镀法、真空蒸镀法、溶胶凝胶法等。用化学法制备的纳米银可达到最小,目前最小粒径仅只有几纳米,而且生产工艺操作简单,比较容易控制;它的缺点之一就是加工得到的纳米银粒子很难组装和快速转移,其中有时候容易混有大量杂质和发生聚集。其中化学还原法由于简单的化学实验操作条件,环保节能,从而得到广泛的实际应用。

至于生物制备方法,它主要是通过选择一些天然材料、酶和其他微生物物质作为原料,主要可以分为两大制备体系:第一种是利用这些天然材料的提取物具有还原性,作为还原剂来还原金属离子;第二种是利用细胞表面的一些有机官能团的物理化学作用或微生物的生物活性来还原金属离子。这种方法不仅成本低,而且减少了有毒溶剂和化学品的使用,绿色环保。

9.1.3.3 纳米银的应用

由于纳米银的物理化学性质优异,得到了越来越广泛的应用,它的主要应用范围有以下几个方面。

(1)医学领域。银离子的显著特点就是具有很强的抗菌性,在所有的金属中它的杀菌活性排名第二,但是近年来的研究表明,纳米银的抗菌性能与传统的银离子杀菌剂相比,已经好了许多,拥有更强的杀菌效果。2004年以来,已经有89种含有纳米银的医疗产品进入临床的应用。例如,纳米银创可贴、超滑抗菌导尿管、抗菌性手术刀等。纳米银还有另外一个优点,它不会产生抗药性、安全环保、没有任何副作用。与此同时,随着我国在纳米技术方面的不断研发和创新,使纳米银的抗菌效果产生了质的飞跃,只需要很微量的纳米银就能够产生很好的抗菌效果。

(2)催化领域。纳米银在催化领域具有很高的活性,在很多方面都被作为催化剂使用,用来提高化学反应的活性,与传统催化剂相比,催化活性已经大幅提高。在国际上受到了广泛的应用,被命名为第四代催化剂。

(3)纺织领域。纳米银可以整理在棉织物上,赋予织物拒水、抗紫外、抗菌、防辐射等重要功能。目前,纳米银的抗菌性能已经广泛地应用在内衣、袜子、针织衫等产品中,得到了业内的认可,并被消费者广泛使用。国内的很多服装企业,也同样注意到这个问题,积极地将纳米银应用到纺织领域,不断开发生产。

9.2　实验内容

9.2.1　实验材料及仪器

9.2.1.1　实验材料

黑米(五常市彩桥米业有限公司)、棉织物(51.7g/m^2,$4.66\text{tex} \times 4.66\text{tex}$)。

9.2.1.2　实验药品、试剂及仪器设备

实验主要药品、试剂和仪器设备见表 9−1 和表 9−2。

表 9−1　实验主要药品及试剂

药品及试剂	规格	生产厂家
氢氧化钠	分析纯	国药集团化学试剂有限公司
冰醋酸	分析纯	国药集团化学试剂有限公司
磷酸二氢钾	分析纯	国药集团化学试剂有限公司
无水磷酸氢二钠	分析纯	国药集团化学试剂有限公司
硝酸银	分析纯	国药集团化学试剂有限公司
单宁酸	分析纯	国药集团化学试剂有限公司
溴化钾	分析纯	国药集团化学试剂有限公司
皂片	分析纯	国药集团化学试剂有限公司

表 9−2　实验主要仪器设备

仪器设备	型号	生产厂家
电子天平	JJ523BC	常熟市双杰测试仪器厂

仪器设备	型号	生产厂家
电热恒温干燥箱	101－2	上海东星建材试验设备有限公司
全自动测配色仪	detacolor400	广州艾比锡科技有限公司
日晒色牢度仪	Model Xe－1	东莞博莱德仪器设备有限公司
台式扫描电子显微镜	JSM－5600LV	上海科学仪器有限公司
接触角测量仪	DSA20	东莞博莱德仪器设备有限公司
防晒指数分子仪	UV－2000F	美国蓝菲光学有限公司
布鲁克红外光谱仪	BRUKER	德国布鲁克光谱仪器公司
立式高压蒸汽灭菌锅	LDZX－50KBS	上海申安医疗机厂

9.2.2　实验方法及步骤

9.2.2.1　黑米花青素的提取方法

把黑米洗净、晾干,按照料液比为1:15的比例,将黑米放入去离子水中浸泡8h。再对溶液进行过滤,从黑米水提液中提取花青素。用该提取液作为颜料和还原剂对棉织物进行处理。黑米提取液的pH为6.5。

9.2.2.2　制备改性棉织物

(1)单宁酸。单宁酸是从植物中提取的一种物质,分子结构中含有多个酚羟基,它能够与金属离子发生络合反应。本身存在各种化学性质,例如:生物大分子之间可以相互作用、抗氧化,酚羟基与金属离子之间发生螯合作用,还能够吸收紫外等。在日用化学工业、医药、食品等方面得到广泛应用。特别是在功能材料中,可以利用单宁酸分子里的羧基和酚羟基与其他基团发生化学作用,形成共价键,静电作用、氢键等,正是这种作用,单宁酸的应用在近几年中受到了广泛关注。

(2)制备过程。首先,将棉织物裁剪成6cm×6cm的大小,用0.6g的非离子洗涤剂在60℃下洗涤30min,除去棉织物上的杂质;其次称取1g的单宁酸,放入500mL的缓冲溶液(0.71g磷酸氢二钠,0.34g磷酸二氢钾,pH=7.3)中,配制成2g/L的单宁酸溶液;然后将棉织物放入单宁酸溶液中,在室温下振荡8h;最后将棉织物从混合溶液中取出,用蒸馏水清洗10s,放入60℃的烘箱中,烘30min。

9.2.2.3　原位还原纳米银粒子

首先制备出10mmol/L的硝酸银溶液,称取50mL与黑米溶液混合,此时硝酸银溶液变成5mmol/L,用氢氧化钠或者冰醋酸来调节所需要的pH;然后将改性后的棉织物按照1:50的浴比放入黑米与硝酸银的混合溶液中,放入60℃的振荡水浴锅中染色 60min；最后，染色结束后，将布拿出，用蒸馏水清洗，在 60℃的烘箱中烘干。此过程在进行染色的同时，也在进行纳米银的原位合成。

9.2.2.4　不同 pH 条件下对上染的影响

在将改性棉织物放入黑米与硝酸银的混合溶液之前，需要将溶液的 pH 调至 3、7、10。探究在不同 pH 条件下，黑米色素的上染情况和纳米银的还原情况。

9.2.3　性能测定及标准

9.2.3.1　K/S 值的测定

使用色差仪对染得的织物进行测试，测量各试样的 L、a、b、c、h、K/S 值，记录保存好数据。以上分别代表的是亮度、颜色从红色到绿色的变化、颜色从蓝色到黄色的变化、饱和度、色调、颜色染色的深浅。K/S 值越大，表示同颜色下织物的颜色越深，反之，则相反。本实验采用的是 Detacolor 400 色差仪来测得试样的相关数据，以 GB/T 8424.1—2001《纺织品　色牢度试验　表面颜色的测定通则》为标准。

9.2.3.2　表观形貌的测定

先将织物剪成 1cm×1cm 的大小，然后进行喷金处理，采用 SEM 观察织物经过改性后的整体表面形貌。

9.2.3.3　红外光谱的测定

红外吸收光谱可以用红外分光光度计记录。横坐标表示吸收峰的位置，纵坐标表示吸收强度，即透射率。红外光谱法主要是用来评价化合物和测定其分子结构最具商业价值的方法。在测试之前，需要将样品与溴化钾按照 1:100 的比例混合，将它研磨直到无明显的晶体才可以去测试。本实验采用的是布鲁克红外光谱仪来测得红外数据。

9.2.3.4　防晒指数的测定

织物抗紫外线性的具体测定方法参照 GB/T 18830—2009《纺织品　防紫外线性能的评定》，选用 UV-2000F 纺织品抗紫外因子测试仪进行测试。一般紫外防护等级可以分为三类，当透射率小于 2.5%，并且 UPF≤40 时，织物则具备优良的抗紫外性能。

9.2.3.5　抗菌性能的测定

本实验中采用的是振荡法、琼脂平皿扩散法来测定样品的抗菌性能，在测试中使用的菌种是金黄色葡萄球菌、大肠杆菌。

振荡法：在容量为 100mL 的锥形瓶中，分别加入 70mL 已经灭菌过的 PBS 缓冲溶液和 5mL 培养好的试样菌液，此时分别加入对照样和试样(0.75±0.05)g，然后放入培养箱，在(37±1)℃下，140r/min，在振荡培养 18~24h 后，用移液枪从培养液中移取1mL的试液放入含有9mL PBS缓冲溶液的试管中,摇匀,利用10倍依次稀释的方法进行稀释,稀释至所需要的倍数,从试管中移取200μL的稀释液琼脂培养基上,用涂布棒将其涂匀,在培养箱中培养18~24h后,取出观察。

在定性实验中,用抑菌率来表示试样的抗菌性。

琼脂平皿扩散法:从试管中吸取200μL的试样菌液放在培养皿上,用涂布棒将其均匀涂抹,试样为(25±5)mm大小的并且经过30min紫外照射杀菌,均匀地按压在培养基上的合适位置,与琼脂充分接触,放入培养箱中培养18~24h,取出观察。

9.2.3.6 耐皂洗色牢度的测定

纺织品在使用的过程中都需要进行水洗,在水洗时,通常会用到各种洗涤剂去除织物表面的污物。纺织面料的耐皂洗牢度是指用肥皂洗涤时,织物能够保持颜色不变或不褪色的能力。耐皂洗牢度一般有两种表述方法,褪色和沾色,原样的褪色是指布样需要经过多次水洗之后,与未经过水洗时的颜色进行对比;白布沾色是指找一块白布和样布放在同一个锥形瓶中进行皂洗,皂洗之后由于样布褪色而使白布沾染的颜色,这种情况就是白布沾色。

耐皂洗色牢度是印染布料重要的内在质量指标之一。织物耐皂洗色牢度主要与所用的染料有关,染料与纺织纤维的结合形式直接影响耐皂洗色牢度,此外耐皂洗色牢度还与印染加工工艺有关。

在皂洗的过程中,需要称取2.5g皂片和1g无水碳酸钠放入盛有500mL蒸馏水的烧杯中,在放入布样进行皂洗,需要在50℃下,洗涤30min。洗涤液配制的浓度需要达到5g/L的皂片、2g/L的无水碳酸钠。

9.2.3.7 耐日晒色牢度的测定

耐日晒色牢度一般分为8级,级数越大日晒牢度越好。1级日晒牢度最差,将织物放置在太阳下晒3h就会开始褪色,8级日晒牢度最好,是织物在太阳光下晒384h才开始褪色。通常在测日晒色牢度时,除了用天然的太阳光来照射外,也同样可以使用日晒牢度仪中的人造光。在日晒牢度仪中一般都会装有排气和给湿装置,来保证和太阳光照射的一致性。用耐日晒牢度仪测试能消除气候条件的限制,但是耐日晒牢度仪的光源与日光不同。

9.2.3.8 接触角的测定

人们通常用静态接触角θ来描述织物的疏水性,在三相接触的焦点处做气—液相的切线,该切线与固—液界面形成一个夹角θ,称为静态接触角。若$\theta < 90°$,则固体表面是亲水性的,即液体较易润湿固体,其角越小,表示润湿性越好;若$\theta > 90°$,则固体表面是疏水性的,即液体不容易润湿固体,容易在表面移动。在测试时,需要将制备的织物的表面压平,用镊子夹住轻轻地放在接触角测量仪上,测量水滴在织物表面的静态接触角。本实验采用接触角测量仪(图 9 - 1)来直接测得织物的接触角。

图 9 - 1　接触角测量仪

9.3　实验结果与分析

9.3.1　黑米色素的染色

经单宁酸改性后的棉织物如图 9 - 2 所示。

9.3.1.1　不同 pH 条件下染色所得的织物颜色

如图 9 - 2 所示,经单宁酸处理后,织物表面的颜色还是白色,没有发生明显的变化。表 9 - 3 显示,在染色的过程中,若染液中不加硝酸银,在中性以及碱性的条件下,织物表面的颜色基本没有发生变化,证明此时黑米色素无法上染棉织物;若染液中加入硝酸银,在中性、碱性条件下,织物都上染了颜色,这说明此时在织物上的颜色是纳米银粒子造成的。通过原位还原法,硝酸银覆盖在织物上以后,单宁酸和黑米色素此时充当了还原剂,将硝酸银还原成纳米银颗粒,才有了织物后来的颜色,黄黑色。在 pH = 4 时,染液中加入

图 9 - 2　经单宁酸改性
后的棉织物

硝酸银染得的织物比未加入硝酸银的要深一些,可能是由于黑米色素作为天然染料,对纤维素纤维的亲和力比较差,然而在加入硝酸银后,银离子可以作为媒染剂,起到促染的作用;也可能是由于在织物表面覆盖了硝酸银溶液。

表 9-3 不同 pH 条件下整理的布样

染液	pH = 4	pH = 7	pH = 10
染液中未加入 硝酸银			
染液中加入 硝酸银			

9.3.1.2 织物的 K/S 值

染色的 pH 是影响黑米色素是否上染的重要因素,所以对不同 pH 下的织物的颜色特征值进行测试。

表 9-4 是改性织物在不加硝酸银的情况下进行染色,用氢氧化钠溶液或者冰醋酸来调节染液的 pH 为 4、7、10,来测定对应织物的 L、a、b、c、h、K/S 值。在酸性情况下,织物的亮度、饱和度、色调、K/S 值与中性和碱性情况下相比,较高一点,所以它的颜色最深。在中性和碱性的情况下,织物对应的各种值明显很小,说明织物的颜色几乎接近白色,再一次说明,在中性和碱性条件下,黑米色素无法上染棉织物。

表 9-4 无硝酸银的情况下染色所得织物的颜色特征值

织物种类	L	a	b	c	h	K/S
pH = 4	71.58	6.99	-13.09	14.83	289.10	0.4755
pH = 7	81.24	3.01	0.31	3.03	5.88	0.1431
pH = 10	81.17	3.65	7.66	8.49	64.56	0.1310

表 9-5 是改性织物在加入硝酸银的情况下进行染色,在中性条件下,织物的 K/S 值明显最大,所以对应的织物的颜色最深。

表9-5 有硝酸银的情况下染色所得织物的颜色特征值

织物种类	L	a	b	c	h	K/S
pH = 4	67.01	7.35	− 2.29	7.70	342.70	0.6077
pH = 7	50.39	13.43	17.18	21.80	51.99	3.3746
pH = 10	73.70	4.89	15.36	16.12	72.35	0.5919

由图9-3可以明显看出,在染液中加入硝酸银后,织物的K/S值明显都增大了,说明织物的颜色都在加深。但是在中性下,K/S值是增大最多的,颜色也是最深的,原因可能是在中性条件下,不仅黑米色素能够还原硝酸银,单宁酸也能够很好地还原硝酸银,因此改性后的棉织物吸附了更多的纳米银粒子,织物表面的颜色也就最深。

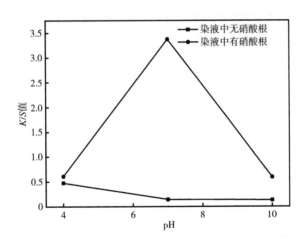

图9-3 不同pH下织物的K/S值

9.3.2 织物的表观形貌分析

通过扫描电镜对原棉织物和单宁酸改性后织物的表面形貌结构进行了表征。如图9-4所示,其中(a)(b)表示的是原棉织物在放大倍数200倍和5000倍的外观形貌,明显可以看出织物在处理前,表面是光滑洁净的,明显没有其他物质的存在;(c)(d)表示的是被单宁酸改性后的织物在放大倍数200倍和5000倍的外观形貌,棉织物在被单宁酸处理后,织物的表面会覆盖一层单宁酸,如图9-4(d)所示,织物的表面明显比图9-4(b)表面多了一层物质,说明此时单宁酸已经很好地覆盖在织物表面。

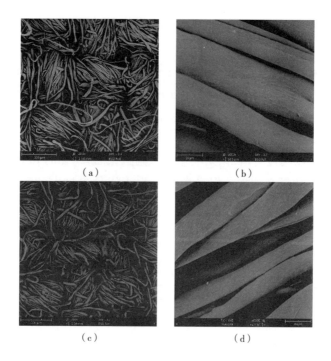

（a）　　　　　　　　　　（b）

（c）　　　　　　　　　　（d）

图9-4　棉织物改性前后的扫描电镜图

9.3.3　织物的红外光谱分析

9.3.3.1　原织物与改性后织物对比

利用傅里叶变换红外光谱研究了样品在 $4000\sim500cm^{-1}$ 的光学范围内的化学结构。图9-5表示的是棉织物在被单宁酸改性前后的红外光谱图，其中 a 表示的是原棉（未改性），b 表示的是单宁酸改性后的织物。在 $3350cm^{-1}$ 附近出现的峰值对应的是棉织物上的羟基的伸缩振动吸收峰，$2900cm^{-1}$ 附近出现的峰值对应的是 C—H 键的伸缩振动吸收峰，这两个峰是棉织物典型的峰值。在 $1686cm^{-1}$ 处出现的峰值是单宁酸中与—COOH 相关的重叠峰，表明了单宁酸覆盖在棉织物的表面。

9.3.3.2　染液中有无硝酸银对比

在实验中，配制两份染液，一份加硝酸银，另一份不加硝酸银，然后将染液的 pH 调至10，分别加入两块被单宁酸改性后的棉织物，最后测定染得织物的红外光谱。图 9-6 中 a 表示染液中无硝酸银的曲线；b 表示染液中加入硝酸银的曲线。其中，在 $2900cm^{-1}$ 和 $3265cm^{-1}$ 附近的吸收峰分别代表了棉织物上的 C—H 键和—OH 的伸缩振动吸收峰，同时，加入硝酸银与不加入硝酸银的样品的吸收特征峰没有发生较

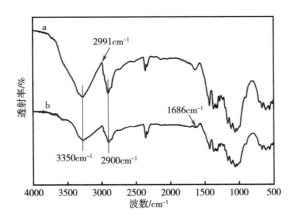

图 9-5　棉织物改性前后的红外光谱图

大的变化,说明表面沉积纳米银并没有改变样品的化学结构。

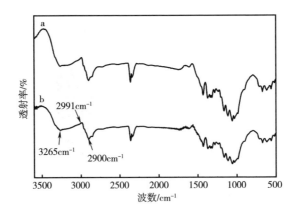

图 9-6　织物染色后的红外光谱图

9.3.4　织物的抗紫外性能

9.3.4.1　改性织物的抗紫外性能分析

图 9-7 显示了织物的透过率,图 9-8 是织物的 UPF 值。由图可以看出,与原棉织物相比,改性后的织物有较低的紫外透过率,UPF 值增加了很多,超过了 40,说明经过改性后,织物的抗紫外性能也大幅提高。主要是由于单宁酸是一种多酚类化合物,本身具有很强的吸收紫外线的性能,在整理到织物上后,织物的抗紫外性能就会提高。

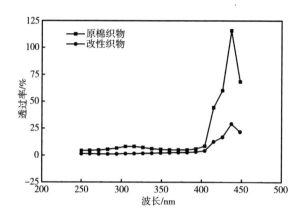

图9-7 原棉与改性织物透光率对比图

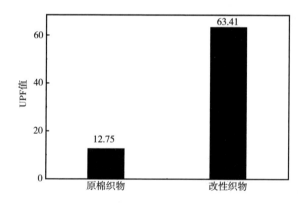

图9-8 原棉与改性织物的 UPF 值

9.3.4.2 不同 pH 对抗紫外性能的影响

图9-9 表示的是在不同 pH 染液下染得的织物的透光率曲线图。图9-10 表示的是不同 pH 条件下织物的 UPF 值。通过图可以明显看出,织物在中性条件下的抗紫外效果最好,且透光率也是最低的,然而在碱性条件下,它的抗紫外效果下降了一些,相比之下,酸性条件下的抗紫外性能最差。产生这种情况的原因可能是:在中性条件下,单宁酸的还原性很好,能将硝酸银很好地还原出纳米银粒子,剩余的单宁酸沉积在织物的表面;而在碱性条件下,主要是黑米色素将硝酸银还原成纳米银粒子,单宁酸在碱性条件下会溶解,导致抗紫外性能没有在碱性条件下好;然而在酸性条件下,黑米色素和单宁酸都没有还原硝酸银,所以此时抗紫外性能并没有在中性和碱性条件下好。

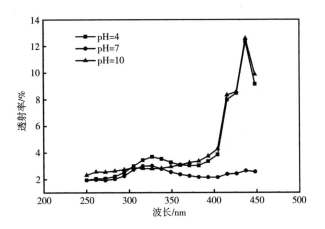

图 9 - 9　不同 pH 条件下织物的透光率曲线图

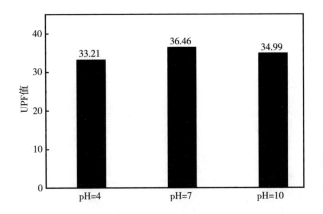

图 9 - 10　不同 pH 条件下织物的 UPF 值

9.3.5　织物的疏水性能

9.3.5.1　单宁酸对疏水性的影响

图 9 - 11 中,a 表示原棉织物,b 表示单宁酸改性后的棉织物。由图 9 - 11(a)可以看出,纯棉织物被滴上水后,接触角很小,很容易被润湿,棉织物具有优良的亲水性能,但是织物在被单宁酸改性之后,接触角增大了一点。说明单宁酸覆盖在织物表面,提高了一点疏水性。可能是由于单宁酸结构中有酯基的存在,而酯基又是常见的疏水基团,单宁酸整理到织物上以后,所测得织物的接触角增大,改性织物的亲水能力降低。

 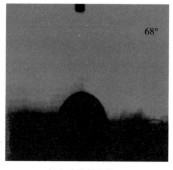

（a）原棉织物   （b）改性棉织物

图9-11 原棉与改性织物的接触角

9.3.5.2 不同 pH 下的疏水性

图9-12是改性织物在不同 pH 染液中所测得的接触角。根据图片中接触角的大小可以看出,改变 pH,对织物的亲疏水性影响不大。可能是因为在染色过程中,使用的硝酸银浓度不高,导致织物表面产生的纳米银粒子不多,也不粗糙,所以接触角的变化不明显。

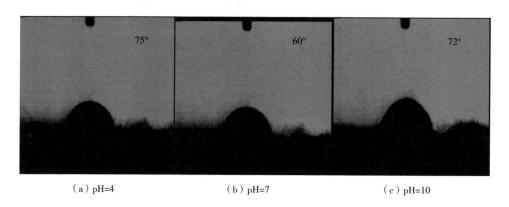

（a）pH=4   （b）pH=7   （c）pH=10

图9-12 改性织物在不同 pH 染液中所测得的接触角

9.3.6 织物的耐水洗色牢度

9.3.6.1 原织物的水洗牢度

利用黑米提取液对银离子的还原性能,将硝酸银溶液与黑米提取物混合,调节染液的 pH 为4、7、10,然后放入棉织物进行染色。由表9-6可以看出,在不同 pH 下,织物的耐水洗色牢度不尽相同。在 pH 为4时,织物的颜色随着水洗次数的增加,由紫色逐渐变浅。主要是由于黑米色素对纤维的亲和力比较差,所以在染色后容易被洗掉;pH 为 7 和 10 时,黑米色素无法上染棉织物,织物表面颜色是由于硝酸银被黑米色素还原成纳米银所沉积的颜色,纳米银存在于纤维的非晶区,在洗涤 5 次时,仍然在织物表面出现纳米银固有的淡黄色,但是随着洗涤次数的增加,颜色很明显地褪去不少。总体来说,经处理后的原棉织物的洗涤耐久性比较差。一方面可能是因为,纳米银和纤维素纤维之间没有发生强的化学键结合,所以在振荡水洗的过程中,纤维表面的纳米银颗粒会被冲洗下来;另一方面黑米色素对纤维素纤维的亲和力很低,耐水洗色牢度较差。

表 9-6　原棉织物的耐水洗色牢度

水洗次数	pH = 4	pH = 7	pH = 10
0			
5			
10			
15			

9.3.6.2　改性织物的水洗

利用黑米提取液中的多酚类物质为还原剂,将硝酸银溶液与黑米提取物混合,整理到经单宁酸改性的棉织物上,利用原位还原法制备出纳米银粒子。采用 0、5 次、10 次、15 次家用洗液对织物样品进行牢度测试,见表 9-7。结果表明,织物经过 5 次水后,颜色变化并不明显,紧接着水洗,酸性条件下的织物颜色变浅,中性下的颜色偏黑色,碱性条件下的织物颜色变化不大,泛黄。主要是由于碱性环境中,原位合成法合成了纳米银,沉积在纤维的非晶区;其次,被单宁酸改性的棉织物可以与硝酸银形成配位键结合,之间的牢度增大。所以与表 9−6 中处理后的原棉织物的耐水洗色牢度相比,增大了很多,具有很好的洗涤性能。

表 9−7　改性织物的耐水洗色牢度

水洗次数	pH = 4	pH = 7	pH = 10
0			
5			
10			
15			

9.3.7　织物的耐日晒色牢度

9.3.7.1　原织物的日晒

原棉织物在经过整理后,放入日晒色牢度仪中进行日晒 8h 后得到的织物,如

图9-13所示。a、b、c分别表示的是织物在染液pH为4、7、10时染得的织物。通过图可以看出,在酸性和中性条件下染得的织物耐日晒效果不是很好,颜色都发生了很明显的变化,但是在碱性条件下得到的织物,耐日晒效果很好,颜色几乎没有什么变化。这可能是由于在碱性条件下,织物上被还原的纳米银粒子比较多,并且纳米银粒子具有抗紫外线的作用,可以防止织物褪色,除此之外,纳米银粒子也具有固有的棕色,不被光照破坏。而在酸性和中性下的织物,织物上的颜色主要是黑米色素给予的,然而黑米色素作为一种天然染料,对织物的亲和力没有那么高,一旦经过外界条件的破坏,颜色很容易改变。

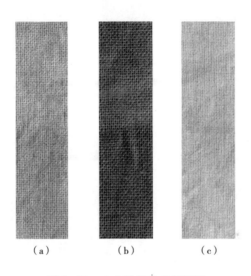

（a）　　　　　　（b）　　　　　　（c）

图9-13　未改性织物的日晒图

9.3.7.2　改性织物的日晒

棉织物经单宁酸改性后,将染色得到的织物在日晒色牢度仪中日晒8h,如图9-14所示。(a)、(b)、(c)分别表示的是改性织物在染液pH为4、7、10时染得的织物。通过日晒图可以看出,在酸性条件下染得的织物经日晒后发生了变化,但是在中性和碱性条件下染得的织物经日晒后,织物的颜色几乎没有发生变化,证明其耐光性很好。

9.3.8　织物的抗菌性能

9.3.8.1　琼脂平皿扩散法

琼脂平皿扩散法的测试结果如图9-15所示。1表示原棉织物(未改性),2表示经单宁酸改性后的棉织物,3表示处理过硝酸银的织物。

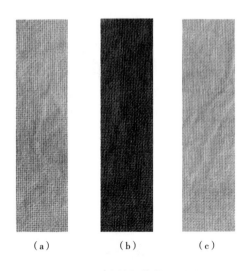

（a）　　　　　　（b）　　　　　　（c）

图9-14　改性织物的日晒图

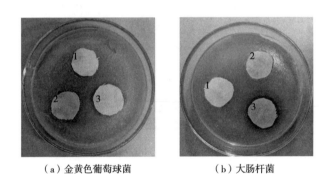

（a）金黄色葡萄球菌　　　　　　（b）大肠杆菌

图9-15　不同织物对金黄色葡萄球菌和大肠杆菌的抑菌圈测试

　　由图9-15可以看出，原棉织物对金黄色葡萄球菌和大肠杆菌均没有抑菌圈；改性棉织物只有一点点，并不明显；而处理过硝酸银的棉织物有明显的抑菌圈。结果表明，在碱性条件下，黑米色素将棉织物上的硝酸银原位还原出纳米银粒子，纳米银粒子具有抗菌活性。然而，由于纳米银的不溶性，导致处理后的棉织物的抑菌圈直径很小，只有相对较少的银离子在潮湿的环境下，样品中的纳米银粒子释放出银离子，所以样品的抑菌圈直径较小。琼脂平皿扩散法是定性评判经扩散型抗菌剂整理后纺织品是否具有抗菌性能的方法。然而这种方法并不能定量分析其抗菌活性，可采用振荡法定量分析它的抑菌率，如图9-15所示。

9.3.8.2 振荡法

振荡法的测试结果如图9-16和图9-17所示。是将细菌在试样菌液中培养18~24h后,用缓冲溶液将细菌进行稀释、涂盘后的结果。图9-16中(a)(b)作为空白对照组,分别依次稀释了10^3和10^4的倍数;(c)(d)表示试样菌液中加入经硝酸银处理后的棉织物,分别稀释了10^3和10^4的倍数后所涂的盘。图9-17中(a)(b)作为空白对照组,分别稀释了10^3和10^4的倍数;(c)(d)表示试样菌液中加入经硝酸银处理后的棉织物,分别稀释了10^3和10^4的倍数后所涂的盘。通过图样展示可以看出,不管是金黄色葡萄球菌还是大肠杆菌,空白对照组的表面皿上的微生物几乎全部出现,而经硝酸银处理后的织物上的微生物数量大幅减少,这是因为原位合成的纳米银粒子覆盖在织物表面,产生了抗菌性能。如图9-16和图9-17所示,细菌数量减少很多。通过振荡法对样品的抑菌率进行了研究,含纳米银的织物对金黄色葡萄球菌的抑菌率约为90%,对大肠杆菌的抑菌率约为93%。

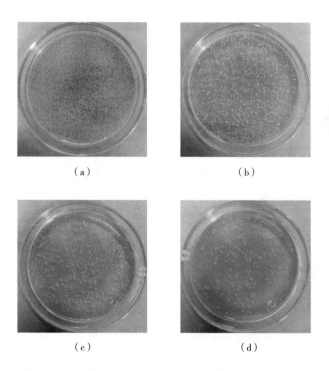

(a)   (b)

(c)   (d)

图9-16　振荡法测试织物对金黄色葡萄球菌的抑菌效果

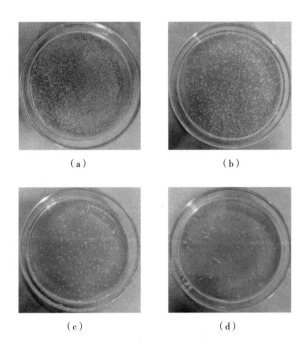

（a）　　　　　　　　　　（b）

（c）　　　　　　　　　　（d）

图 9-17　振荡法测试织物对大肠杆菌的抑菌效果

9.4　小结

（1）黑米色素作为还原剂,可以利用原位还原法将织物上的硝酸银还原为纳米银粒子,这种方法简单易行,绿色环保,成本低,效率高。

（2）织物在经单宁酸改性后,样品的抗紫外性能有很大提高,再整理上纳米银后,抗紫外性能进一步提高。

（3）改性棉织物的疏水性提高了一些;改变 pH 对疏水性影响不大。

（4）耐水洗色牢度和耐日晒色牢度深受染液 pH 的影响,在碱性条件下,色牢度明显比较高,而在酸性条件下,色牢度却很低。

（5）对未改性的棉织物进行染色处理,得到的织物的耐水洗和耐日晒色牢度不好,但是对于经单宁酸改性的织物,给予相同的处理,得到的织物耐水洗和耐日晒色牢度提高很多。

（6）经硝酸银处理后的织物具有了抗菌性能,对大肠杆菌和金黄色葡萄球菌的抑菌率达到90%以上。

参考文献

[1]廖选亭. 功能纤维及功能纺织品的开发与研究[J]. 轻纺工业与技术，2013(3):77-79.

[2]赵永霞. 功能性纺织品[J]. 纺织导报，2010(10):108-111.

[3]何秀玲，郭腊梅. 抗菌织物的发展和应用现状[J]. 广西纺织科技，2003，32(3):30-33.

[4]石雪. 纳米银在织物表面的原位还原及其抗菌效果的研究[D]. 上海:东华大学，2011.

[5]李扬，杨国平，钱金枓. 天然生物抗菌剂研究概况[J]. 中国民族民间医药，2011，20(21):34-36.

[6]丁帅. 天然抗菌剂及其应用[J]. 山东纺织科技，2010(5):50-53.

[7]王留阳，王芳颖，王标兵. 抗菌织物的制备与性能研究[J]. 离子交换与吸附，2014，30(2):133-142.

[8]SHAHID M，CHENG X W，TANG R C，et al. Silk Functionalization by Caffeic Acid Assisted in-situ Generation of Silver Nanoparticles[J]. Dyes & Pigments，2017，137:277-283.

[9]季君晖. 国外抗菌剂研制及应用进展[J]. 中国科技成果，2004(11):54-57.

[10]孙剑，乔学亮，陈建国. 无机抗菌剂的研究进展[J]. 材料导报，2007，21(5):344-348.

[11]王玉辉，孟家光. 纳米抗菌织物的杀菌机理及制备方法[J]. 针织工业，2005:56-58.

[12]蔡文生，周绍箕. 抗菌织物的制备及性能测试研究[J]. 印染助剂，1996，13(6):12-15.

[13]郭荣辉，王灿，彭灵慧，等. 纳米银的制备及其应用研究进展[J]. 成都纺织高等专科学校学报，2016，33(4):154-159.

[14]董猛. 纳米银的调控制备及其对棉织物的长效抗菌整理[D]. 苏州:苏州大学，2016.

[15]ABHITOSH DEBATE，SANDEEP DHUPER，DARSHAN PANDA，et al. Green Synthesis of Silver Nano-particles，Their Characterization and Antimicrobial Activity[J]. Advances in Applied Research，2013，5(1):1-8

[16]El - R H M,El - R M H,ZAHRAN M K. Green Synthesis of Sliver Nanoparticles Using Polysaccharides Extracted from Marine Macro Algae[J]. Carbohydrate Polymers,2013:403 - 410.

[17]Md AMDADUL HUP. Green Synthesis of Silver Nanoparticles Using Pseudoduganella eburnea MAHUQ - 39 and Their Antimicrobial Mechanisms Investigation against Drug Resistant Human Pathogens[J]. Internation Journal of Molecular Sciences,2020:1 - 14.

[18]尹清. 负载纳米银有机多孔材料的制备及其催化性能的研究[D]. 湖南:湘潭大学,2017.

[19]黄艳丽,纳米技术在功能纺织品中的开发和应用[J]. 天津纺织科技,2005(3):20 - 21.

[20]田喜强,董艳萍,赵东江. 黑米花青素的浸提工艺优化及稳定性研究[J]. 中国酿造,2016,35(6):161 - 163.

[21]YIMING BU,SHIYU ZHANG,YAJUN CAI,et al. Fabrication of Durable Antibacterial and Superhydrophobic Textiles via in Situ Synthesis of Silver Nanoparticle on Tannic Acid - coated Viscose Textiles[J]. Cellulose,2019:2109 - 2122.